“十二五”职业教育国家规划教材

经全国职业教育教材审定委员会审定

高职高专机电类教材系列

互换性与测量技术

（第二版）

李正峰　黄淑琴　主编

科学出版社

北　京

内 容 简 介

本书从互换性生产要求出发，系统、简练地介绍了几何量公差的有关标准、选用方法和误差检测的基本知识。全书按项目编写的方法将内容划分为课程导入和9个项目，项目内容依次为：项目1　测量器具的选择和使用，项目2　孔与轴公差配合及选用，项目3　几何公差标注及检测，项目4　表面粗糙度标注及检测，项目5　光滑工件尺寸检测，项目6　滚动轴承配合选择及标注，项目7　键连接的配合选择及检测，项目8　螺纹结合互换性及检测，项目9　圆柱齿轮公差及检测。

本书采用最新国家标准，内容简洁实用，适应高等职业院校加大实践教学比例的要求，便于少学时讲授。

本书可作为高等职业院校机械类和机电类专业的课程教材，也可作为机械加工企业在职职工的学习用书。

图书在版编目（CIP）数据

互换性与测量技术/李正峰，黄淑琴主编．—2版．—北京：科学出版社，2015

（"十二五"职业教育国家规划教材·经全国职业教育教材审定委员会审定·高职高专机电类教材系列）

ISBN 978-7-03-043686-3

Ⅰ．互…　Ⅱ．①李…　②黄…　Ⅲ．①零部件-互换性-高等职业教育-教材　②零部件-测量-技术-高等职业教育-教材　Ⅳ．TG801

中国版本图书馆 CIP 数据核字（2015）第 048077 号

责任编辑：李太铼　胡晓阳 / 责任校对：柏连海
责任印制：吕春珉 / 封面设计：耕者设计工作室

科 学 出 版 社 出版
北京东黄城根北街 16 号
邮政编码：100717
http://www.sciencep.com

新科印刷有限公司 印刷
科学出版社发行　各地新华书店经销

*

2015 年 4 月第　一　版　开本：787×1092 1/16
2020 年 9 月第四次印刷　印张：14 3/4
字数：253 000

定价：42.00 元
（如有印装质量问题，我社负责调换〈新科〉）

销售部电话 010-62136131　编辑部电话 010-62137154（VT03）

第二版前言

2013 年 8 月，本书被教育部评为"十二五"职业教育国家规划立项教材，编者根据《教育部关于"十二五"职业教育教材建设的若干意见》和《高等职业学校专业教学标准（试行）》等相关文件精神，对原教材进行了修订。修订中坚持以"能力培养为中心，理论知识为支撑"，紧密结合当前教学改革趋势，充分考虑高职学生对知识的接受能力和对知识的掌握过程，对教材内容进行了精选和重构，修订后教材具有以下特点。

1. 依据机械类专业人才培养目标和岗位需求，按照"以就业为向导，以服务为宗旨"的指导思想，选择贴近企业生产实际的项目作为教材编写内容。根据企业需求和学生认知规律，在项目中新增零件图识读、实际零件检测、综合分析等技能，使学生在掌握理论知识的基础上实现技能素质的拓展。

2. 为了适应新理论、新技术、新标准的发展，修订后的教材全部采用最新的国家标准，补充并修改了部分教学内容。

3. 修订后的教材内容采用"相关知识＋项目实施＋思考练习"的模式进行编写，并在项目前明晰知识目标和技能目标，有利于读者把握学习难点及重点，提高学习效果。

无锡商业职业技术学院、泰州职业技术学院、沙洲职业工学院、浙江天煌科技实业有限公司、无锡金球机械有限公司等单位的教师和工程师参加了本版的修订。全书由李正峰教授、黄淑琴副教授任主编，金捷任副主编。具体编写分工如下：李正峰编写课程导入、项目 3 和项目 9，王新琴、鲁其银编写项目 1，黄淑琴编写项目 2、项目 4、项目 6、项目 7、项目 8，金捷编写项目 5，浙江天煌科技实业有限公司的鲁其银工程师和无锡金球机械有限公司平东良高级工程师提供了企业实际案例，在此表示衷心的感谢。

限于编者的水平和时间，书中不足之处在所难免，恳请广大读者批评指正。

第一版前言

"互换性与测量技术"是高等职业院校机械类和机电类各专业的重要技术基础课，包含几何量公差与误差检测两大方面的内容，把标准化和计量学两个领域的相关内容有机地结合在一起，与机械设计、机械制造、质量控制等方面密切相关，在生产一线具有广泛的实用性。

为了适应新形势下国家对高职人才的培养要求，培养和造就适应生产、建设、管理、服务第一线需要的高素质技能型人才，本教材的编写力求做到突出高职特色，本着强调基础、简化理论的原则，注重实用、理实一体的总体思路，优化整合课程内容，删去了以往教材中一些不必要的章节。

近几年，为了适应新技术的发展，实现互换性，与国际标准接轨，国家陆续颁布了一些新的国家标准，本教材全部采用这些最新国家标准。

为了适应高等职业院校加大实践教学比例的要求，本书适用于少学时讲授，理论课学时数为30～36学时。

本书编写者都是高职院校具有丰富教学经验的教师。全书由李正峰教授任主编，黄淑琴副教授任副主编，桂定一教授任主审。编写分工如下：无锡商业职业技术学院李正峰（绪论、第2、8、9章），泰州职业技术学院黄淑琴（第3、7章），株洲职业技术学院杨国先（第5、6章），内蒙古科技大学高职院刘志毅（第4章），湖北汽车学院机械系桂定一（第10章）。

限于编者水平，书中难免有不妥之处，敬请广大读者批评指正。

目　　录

课程导入

知识目标

1. 掌握互换性的意义。
2. 掌握互换性的分类。
3. 了解标准化的意义与分类。
4. 了解优先数与优先数系。

任何机械产品的设计，总是包括运动设计、结构设计、强度设计和精度设计，前三方面的设计是机械设计等课程的内容，精度设计是本课程研究的主要内容。

零件加工后是否符合精度要求，只有通过检测才能知道，所以检测是精度要求的技术保证，也是本课程要研究的一个重要问题。零件精度确定后，必须有相应的工艺措施来保证，因此本课程又是学习机械制造技术等专业课的必备基础。

0.1　本课程的性质与任务

本课程是机械类专业的一门技术基础课，起着连接基础课及其他技术基础课和专业课的桥梁作用，同时也起着联系机械设计课程和机械制造课程的纽带作用。

任何机械产品的设计，总是包括运动设计、结构设计、强度设计和精度设计，前三方面的设计是机械设计等课程的内容，精度设计是本课程研究的主要问题。

产品的精度是决定整台机器质量的重要因素。实践证明，相同结构、相同材料的机器，精度不同，他们的质量会有很大差异。所以在设计时，要根据使用要求和制造的经济性，恰当地给出零件的尺寸公差、形状公差、位置公差和表面粗糙度等，以便将零件的制造误差限制在一定范围内，使机械产品装配后能正常工作。这就是精度设计的基本内容。

零件加工后是否符合精度要求，只有通过检测才能知道，所以检测是精度要求的技术保证，也是本课程要研究的一个重要问题。零件精度确定后，必须有相应的工艺措施来保证，因此本课程又是学习机械制造技术等专业课的必备基础。

通过本课程的学习，应了解互换性与标准化的重要性，熟悉所涉及几何精度标准的基本概念和主要内容，初步掌握确定几何量公差的原则和方法，了解技术测量的工具和方法，为正确地理解和绘制技术图样及几何量检测打下基础。

0.2　互换性的意义和分类

0.2.1　互换性的意义

在机械制造业中，零件的互换性是指在同一规格的一批零件、部件中，可以不经选择、修配或调整，任取一件都能装配在机器上，并能达到规定的使用要求。零部件具有的这种性能称为互换性。能够保证产品具有互换性的生产，称为遵守互换性原则的生产。

互换性给产品的设计、制造、使用和维修都带来很大的方便。

从设计方面看，按互换性进行设计，就可以最大限度地采用标准件、通用件，大大减少绘图、计算等工作量，缩短设计周期，并有利于产品多样化和计算机辅助设计。

从制造方面看，互换性有利于组织大规模专业化生产，有利于采用先进工艺和高效率的专用设备，有利于实现加工和装配过程的机械化、自动化，从而减轻工人的劳动强度，提高生产率，保证产品质量，降低生产成本。

从使用方面看，零部件具有互换性，可以及时更换那些已经磨损或损坏了的零部件，因此减少机器的维修时间和费用，保证机器能连续而持久地运转。

综上所述，互换性对保证产品质量、提高生产率和增加经济效益具有重要意义。因此，互换性已成为现代机械制造业中一个普遍遵守的原则。

0.2.2 互换性的分类

互换性按其互换程度可分为完全互换与不完全互换。

完全互换是指一批零、部件装配前不经选择，装配时也不需修配和调整，装配后即可满足预定的使用要求，如螺栓和螺母的互换即属此类情况。

当装配精度要求很高时，若采用完全互换将使零件的尺寸公差减小，加工困难，成本较高。这时可将其制造公差适当放大，以便于加工。在完工后，再用量仪将零件按实际尺寸大小分组，按组进行装配。如此，既能保证装配精度与使用要求，又降低成本。此时，仅是组内零件可以互换，组与组之间不可互换，称为分组互换，属不完全互换。

有时要加工或调整某一特定零件尺寸，以达到装配精度要求，称为调整互换，也属不完全互换。

不完全互换只限于部件或机构在制造厂内装配时使用。对厂外协作，则往往要求完全互换。究竟采用哪种方式为宜，应由产品精度、产品复杂程度、生产规模、设备条件及技术水平等一系列因素决定。

一般大量生产和成批生产，如汽车、拖拉机厂大都采用完全互换法生产。精度要求很高的轴承工业，常采用分组装配，即不完全互换法生产。而小批和单件生产，如矿山、冶金等重型机器业，则常采用修配法或调整法生产。

0.3 标准化与计量工作

0.3.1 标准化的意义和标准的分类

生产中欲实现互换性原则，做好标准化与计量工作是前提，是基础。

1. 标准化的意义

所谓标准，是由一定的权威组织对经济、技术和科学中重复出现的共同的技术语言和技术事项等规定的统一技术准则。它是为标准化而规定的技术文件，是各个方面共同遵守的技术依据。标准一经颁布，即成为技术法规。

标准化是指以制定标准和贯彻标准为主要内容的全部活动过程的总称，其包括系列化和通用化两方面内容。它是组织现代化大生产的重要手段，是实行科学管理的基础，也是对产品设计的基本要求之一。标准化程度的高低是评定产品质量和水平的指标之一。实施标准化是我国很重要的一项技术政策，其目的是通过实施标准化，获得最佳的社会经济效果。

2. 标准的分类

根据标准法规定，我国的标准分为国家标准（GB）、行业标准、地方标准和企业标准四级。此外，从世界范围看，还有国际标准（如 ISO）和区域性标准。

我国的国家标准和行业标准又分为强制性标准和推荐性标准两大类。一些关系到人身安全、健康、卫生及环境保护等的标准属于强制性标准，国家用法律、行政和经济等手段来维护强制性标准的实施。大量的标准（80％以上）属于推荐性标准。推荐性标准也应积极执行，因为标准是科学技术的结晶，是实践经验的总结，它代表了先进的生产方式。

近年来，我国陆续修订了自己的标准，修订的原则是在立足我国实际情况的基础上向国际标准靠拢，以利于加强我国在国际上的技术交流和产品互换。

0.3.2 计量工作

我国的计量工作，自解放后逐步统一计量制度，建立了各种计量器具的传递系统，颁布了计量法，使机械制造业的基础工作沿着科学、先进的方向迅速发展，促进了企业计量管理和产品质量水平的不断提高。

目前计量测试仪器制造工业已有长足的进步和发展，其产品不仅满足国内工业发展的需要，而且还出口到国际市场。我国已能生产机电一体化测试仪器产品，如激光丝杠动态检查仪、三坐标测量机、齿轮整体误差检查仪等一批达到或接近世界先进水平的精密测量仪器。

0.4 优先数与优先数系

优先数系是一种无量纲的分级数值，它是十进制等比数列，适用于各种量值的分级。数系中的每一个数都为优先数。

任何一种机械产品，总是有它自己的一系列技术参数。这些参数往往不是孤立的，同时还与相关的其他产品有关。例如，螺栓的尺寸一旦确定，将会影响螺母的尺寸、丝锥板牙的尺寸、螺栓孔的尺寸以及加工螺栓孔的钻头尺寸等。可见产品的各种技术参数不能随意确定，否则会出现产品、刀具、量具和夹具等的规格品种恶性膨胀的混乱局面，给生产组织、协调配套及使用维护带来极大的不便。

为了解决这一问题，人们在生产实践中总结出了一种科学的统一数值标准，使产品参数的选择一开始就纳入标准化轨道。《优先数和优先数系》（GB321—2005）国家标准规定了 5 个等比数列，它们都包含 10 的整数幂，公比分别为 $\sqrt[5]{10}$、$\sqrt[10]{10}$、$\sqrt[20]{10}$、$\sqrt[40]{10}$、$\sqrt[80]{10}$，依次用 R5、R10、R20、R40、R80 表示，其中前 4 个为基本系列，R80 为补充系列，仅用于分级很细或基本系列中的优先数不能适应实际情况时。

按公比计算得到的优先数的理论值，除 10 的整数次幂外，都是无理数，工程技术上不便直接应用，实际应用的都是经过圆整后的近似值。根据圆整的精确度，可分为：

1）计算值。取 5 位有效数字，供精确计算用。

2）常用值。即经常使用的通常所称的优先数，取 3 位有效数字。

表 0.1 中列出了 1～10 范围内基本系列的常用值和计算值。如将表中所列优先数

乘以 10、100、⋯，或乘以 0.1、0.01、⋯，即可得到大于 10 或小于 1 的优先数。

国家标准规定的优先数系分档合理、疏密均匀、简单易记、便于使用。常见的量值，如长度、直径、转速及功率等分级，基本上都是按优先数系进行。本课程所涉及的有关标准中，诸如尺寸分段、公差分级及表面粗糙度的参数系列等，也采用优先数系。

表 0.1　优先数系的基本系列（摘自 GB/T 321—2005）

基本系列（常用值）				序号	理论值		基本系列和计算值间的相对误差/%
R5	R10	R20	R40		对数尾数	计算值	
(1)	(2)	(3)	(4)	(5)	(6)	(7)	(8)
1.00	1.00	1.00	1.00	0	000	1.0000	0
			1.06	1	025	1.0593	+0.07
		1.12	1.12	2	050	1.1220	−0.18
			1.18	3	075	1.1885	−0.71
	1.25	1.25	1.25	4	100	1.2589	−0.71
			1.32	5	125	1.3335	−1.01
		1.40	1.40	0	150	1.4125	−0.88
			1.50	7	175	1.4962	+0.25
1.60	1.60	1.60	1.50	8	200	1.5849	+0.95
			1.70	9	225	1.6788	+1.26
		1.80	1.80	10	250	1.7783	+1.22
			1.90	11	275	1.8835	+0.87
	2.00	2.00	2.00	12	300	1.9953	+0.24
			2.13	13	325	2.1135	+0.31
		2.24	2.24	14	350	2.2387	+0.06
			2.36	15	375	2.3714	−0.48
2.50	2.50	2.50	2.50	16	400	2.5119	−0.47
			2.65	17	425	2.6607	−0.40
		2.80	2.80	18	450	2.8184	−0.65
			3.00	19	475	2.9854	+0.49
	3.15	3.15	3.15	20	500	3.1623	−0.39
			3.35	21	525	3.3497	+0.01
		3.55	3.55	22	550	3.5481	+0.05
			3.75	23	575	3.7584	−0.22

续表

基本系列（常用值）				序号	理论值		基本系列和计算值间的相对误差/%
R5	R10	R20	R40		对数尾数	计算值	
(1)	(2)	(3)	(4)	(5)	(6)	(7)	(8)
4.00	4.00	4.00	4.00	24	600	3.9811	+0.47
			4.25	25	625	4.2170	+0.78
		4.50	4.50	26	650	4.4668	+0.74
			4.75	27	675	4.7315	+0.39
	5.00	5.00	5.00	28	700	5.0119	−0.24
			5.30	29	725	5.3088	−0.17
		5.60	5.60	30	750	5.6234	−0.42
			6.00	31	775	5.9566	+0.73
6.30	6.30	6.30	6.30	32	800	6.3096	−0.15
			6.70	33	825	6.6834	+0.25
		7.10	7.10	34	850	7.0795	+0.29
			7.50	35	875	7.4989	+0.01
	8.00	8.00	8.00	36	900	7.9433	+0.71
			8.50	37	925	8.4140	+1.02
		9.00	9.00	38	950	8.9125	+0.98
			9.50	39	975	9.4406	+0.63
10.00	10.00	10.00	10.00	40	000	10.0000	0

思考与练习

0.1 试述互换性含义及其作用，并列举互换性应用实例。

0.2 完全互换与不完全互换有何区别？各用于何种场合？

0.3 我国标准是如何分类的？

项目 1

测量器具的选择和使用

知识目标

1. 了解测量的基本概念及其四要素。
2. 理解尺寸传递的概念。
3. 了解测量方法的分类及其特点。
4. 理解测量误差的概念。
5. 掌握量块的基本知识。
6. 掌握计量器具的分类及常用的度量指标。

技能目标

1. 掌握量块的使用。
2. 能根据测量零件的技术要求选择计量器具。
3. 会使用常用计量器具。

几何量检测是组织互换性生产必不可少的重要措施。因此,应按照公差标准和检测技术要求对零部件的几何量进行检测。只有几何量合格,才能保证零部件在几何方面的互换性。

检测的目的不仅在于判断零件合格与否,还有积极的一面,就是根据检测的结果,分析产生废品的原因,以便设法减少和防止废品。

机械制造中的测量技术,主要研究对零件几何参数进行测量和检验的问题,是贯彻质量标准的技术保证。零件几何量合格与否,需要通过测量或检验方能确定。

1.1　相关知识：测量技术基础

在机械制造中，技术测量主要研究对零件几何参数进行测量和检验的问题。首先要了解测量过程、长度基准与量值传递及量块相关知识。

1.1.1　测量基本概念及长度基准与量值传递

1. 测量基本概念

所谓测量就是把被测的量与具有计量单位的标准量进行比较，从而确定被测量的量值的过程。一个完整的测量过程包括四个要素：被测对象、计量单位、测量方法和测量精度。

1）被测对象。指几何量，包括长度、角度、表面粗糙度和形位误差等。

2）计量单位。在机械制造中，常用的长度计量单位是毫米（mm），$1mm = 10^{-3}m$；在精密测量中，常用的长度计量单位是微米（μm），$1\mu m = 10^{-6}m$；在超精密测量中，常用的长度计量单位是纳米（nm），$1nm = 10^{-9}m$。常用的角度计量单位是弧度（rad）、微弧度（μrad）和度、分、秒。$1\mu rad = 10^{-6}rad$，$1° = 0.017\ 453\ 3rad$，$1° = 60'$，$1' = 60''$。

3）测量方法。指在进行测量时所采用的测量原理、计量器具和测量条件的综合。测量条件是指测量时零件和计量器具所处的环境，如温度、湿度、振动和灰尘等。测量时基准温度为20℃。

4）测量精度。指测量结果与真值的一致程度，它体现了测量结果的可靠性。

"检验"是指为确定被测几何量是否在规定的极限范围之内，从而判断是否合格，不一定得出具体的量值。

测量技术包括"测量"和"检验"。对测量技术的基本要求是：合理地选用计量器具与测量方法，保证一定的测量精度，具有高的测量效率、低的测量成本，通过测量分析零件的加工工艺，积极采取预防措施，避免废品的产生。

测量技术的发展与机械加工精度的提高有着密切的关系。例如有了比较仪，才使加工精度达到$1\mu m$；由于光栅、磁栅、感应同步器用作传感器以及激光干涉仪的出现，才又使加工精度达到了$0.01\mu m$的水平。随着机械工业的发展，数字显示与微型计算机进入了测量技术的领域。数显技术的应用，减少了人为的影响因素，提高了读数精度与可靠性；计算机主要用于测量数据的处理，因而进一步提高了测量的效率。计算机和量仪的联用，还可用于控制测量操作程序，实现自动测量或用于控制数控机床的加工工艺，从而使测量、加工合二为一，组成完整的工艺系统。

2. 长度基准与量值传递

（1）长度基准

为了保证长度测量的精度，首先需要建立国际统一的、稳定可靠的长度基准。在

1983 年第 17 届国际计量大会上通过了作为长度基准的米的新定义："米是光在真空中在 1/299 792 458s 的时间间隔内所行进的路程"。由于激光技术的发展，采用激光波长作为长度基准具有很好的稳定性和复现性。我国采用碘吸收稳定的 $0.633\mu m$ 氦氖激光辐射作为波长标准来复现"米"定义。

（2）长度量值传递系统

在生产中，除特别精密零件的测量外，一般不直接用基准光波波长测量零件。为了保证量值的准确和统一，必须把复现的长度基准的量值逐级准确地传递到生产中的计量器具和工件上去，为此，需要在全国范围内从组织到技术上建立一套严密而完整的体系，即长度量值传递系统。如图 1.1 所示，一个是端面量具（量块）系统，另一个是刻线量具（线纹尺）系统。其中以量块为量值传递媒介的系统应用较广。

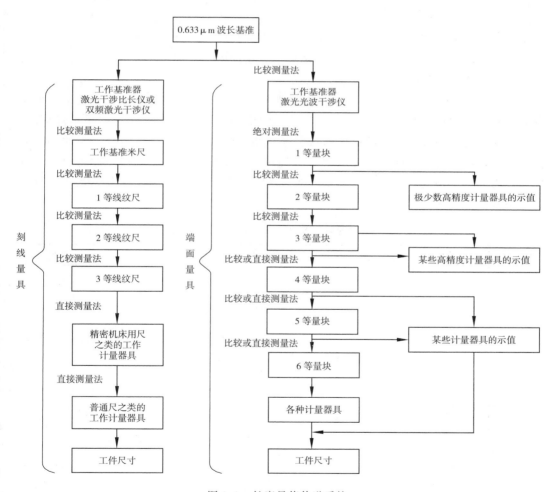

图 1.1　长度量值传递系统

（3）量块及其选用

量块又称块规，是无刻度的平面平行端面量具，用耐磨材料（一般为 CrWMn 钢）制成，具有线膨胀系数小、不易变形、硬度高、耐磨性好、工作面粗糙度值小以及研合性好等特点。量块除作为工作基准外，还作为标准器用于检定和校准计量器具、调整机床、精密划线，有时也用作精密测量。

1）量块的形状和尺寸。量块的形状有长方体和圆柱体两种，常用的是长方体，如

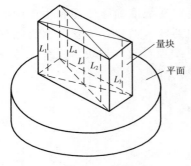

图 1.2　量块

图 1.2 所示。量块的尺寸包括量块的中心长度和量块的长度，从图 1.2 中可见，量块上有两个平行的测量面，其表面光滑平整。两个测量面有精确的尺寸。另外还有四个非测量面。从量块一个测量面上任意一点（距边缘 0.5mm 区域除外）到此量块另一个测量面相研合面的垂直距离称为量块的长度 L_i。从量块一个测量面上中心点到与此量块另一个测量面相研合面的垂直距离称为量块的中心长度 L。量块上标出的尺寸称为量块的标称长度。

2）量块的研合性与应用。由于量块的测量面都是经过超精研制成的，使测量面十分光滑和平整，将一量块的测量面沿着另一量块的测量面滑动，同时用手稍加压力，两量块便粘合在一起，量块的这种通过分子吸力的作用而粘合的性能称为量块的研合性。由于量块具有研合性，可使量块组合使用，即将几个量块研合在一起组成所需的尺寸，因此量块是成套供应的。国家标准共规定了 17 种系列的成套量块。表 1.1 列出了其中两套量块的尺寸系列。

表 1.1　成套量块的尺寸（摘自 GB/T 6093—2001）

序　号	总块数	级　别	尺寸系列/mm	间隔/mm	块　数
1	83	0，1，2	0.5	—	1
			1	—	1
			1.005	—	1
			1.01，1.02，…，1.49	0.01	49
			1.5，1.6，…，1.9	0.1	5
			2.0，2.5，…，9.5	0.5	16
			10，20，…，100	10	10
2	46	0，1，2	1	—	1
			1.001，1.002，…，1.009	0.001	9
			1.01，1.02，…，1.09	0.01	9
			1.1，1.2，…，1.9	0.1	9
			2，3，…，9	1	8
			10，20，…，100	10	10

为了减少量块组合的误差，组合的原则是以尽可能少的块数组合成所需要的尺寸，一般量块数不多于4～5块。组合量块时首先选择能去除最后一位小数的量块，然后逐级递减选取。

例如，选用83块的成套量块组成58.885mm尺寸的量块组，可按下列步骤选择量块尺寸：

$$
\begin{array}{r}
58.885 \\
-)\quad 1.005 \quad \cdots\cdots\text{第一块量块尺寸} \\
\hline
57.88 \\
-)\quad 1.38 \quad \cdots\cdots\text{第二块量块尺寸} \\
\hline
56.5 \\
-)\quad 6.5 \quad \cdots\cdots\text{第三块量块尺寸} \\
\hline
50 \quad\quad \cdots\cdots\text{第四块量块尺寸}
\end{array}
$$

即 $58.885mm=(1.005+1.38+6.5+50)mm$。

3）量块的精度。为了满足不同的使用场合，国家标准对量块的精度规定了若干级和若干等。

《几何量技术规范（GPS）长度标准量块》（GB/T 6093—2001）规定：量块的制造精度分为五级，即0，1，2，3，K级，其中0级精度最高，精度依次降低，3级最低。K级为校准级，主要用于校准0，1，2级量块。量块的"级"主要是根据量块长度极限偏差和量块长度变动量的最大允许值来划分的。量块长度变动量是指量块测量面上最大和最小长度之差。

标准 JJG 146—1994 按检定精度将量块分为1～6等，其中1等最高，精度依次降低，6等最低。

量块按"级"使用时，是以量块的标称长度作为工作尺寸。该尺寸包含了量块的制造误差，制造误差将被引入到测量结果中去，但因不需要加修正值，故使用较方便。

量块按"等"使用时，是以量块检定书列出的实测中心长度作为工作尺寸的，该尺寸排除了量块的制造误差，只包含检定时较小的测量误差。

虽然按"等"使用量块比按"级"使用量块在测量上要麻烦一些，但由于消除了量块尺寸制造误差的影响，可用制造精度较低的量块进行较精密的测量。量块按"等"使用比按"级"使用的测量精度高。

1.1.2 计量器具与测量方法的分类

为了能正确使用计量器具，首先要了解计量器具与测量方法的分类。

1. 计量器具的分类

计量器具按结构特点可分为量具、量规、量仪和计量装置等四类。

（1）量具

量具是指以固定形式复现量值的计量器具，分单值量具和多值量具两种。单值量

11

具是指复现几何量的单个量值的量具，如量块、直角尺等。多值量具是指复现一定范围内的一系列不同的量值的量具，如线纹尺等。

（2）量规

量规是指没有刻度的专用计量器具，用以检验零件几何要素实际尺寸和几何误差的综合结果。检验结果只能判断被测几何量合格与否，而不能获得被测几何量的具体数值，如用光滑极限量规、位置量规和螺纹量规等检验工件。

（3）量仪

量仪是指能将被测几何量值转换成可直接观测的指示值（示值）或等效信息的计量器具。按原始信号转换原理，量仪分为机械式量仪、光学式量仪、电动式量仪和气动式量仪等几种。

1）机械式量仪。机械式量仪是指用机械方法实现原始信号转换的量仪，如指示表、杠杆比较仪和扭簧比较仪等。这种量仪结构简单、性能稳定、使用方便。

2）光学式量仪。光学式量仪是指用光学方法实现原始信号转换的量仪，如光学比较仪、测长仪、工具显微镜、光学分度头、干涉仪等。这种量仪精度高、性能稳定。

3）电动式量仪。电动式量仪是指将原始信号转换为电量形式的信息量仪，如电感比较仪、电容比较仪、电动轮廓仪、圆度仪等。这种量仪精度高、易于实现数据自动处理和显示，还可实现计算机辅助测量和自动化。

4）气动式量仪。气动式量仪是指以压缩空气为介质，通过气动系统流量和压力的变化来实现原始信号转换的量仪，如水柱式气动量仪、浮标式气动量仪等。这种量仪结构简单，可进行远距离测量，也可对难于用其他转换原理测量的部位（如深孔部位）进行测量，但示值范围小，对不同的被测参数需要不同的测头。

（4）计量装置

计量装置是指为确定被测几何量量值所必需的计量器具和辅助设备的总体。它能够测量较多的几何量和较复杂的零件，有助于实现检测自动化或半自动化，如连杆、滚动轴承的零件可用计量装置来测量。

2．测量方法的分类

测量方法可以从不同的角度进行分类。

（1）直接测量和间接测量

按是否直接测量被测参数可分为直接测量和间接测量。

直接测量是指直接从计量器具获得被测量的量值的测量方法。如用游标卡尺测量轴径。

间接测量是指测量与被测量有一定函数关系的量，然后通过函数关系算出被测量值的测量方法。如测量大尺寸圆柱形零件直径 D 时，先测出其周长 L，然后再按公式 $D=L/\pi$ 求得零件的直径 D。

（2）绝对测量和相对测量

按计量器具的读数是否直接表示被测尺寸分为绝对测量和相对测量。

绝对测量是指被测量的全值从计量器具的读数装置直接读出，如用游标卡尺测量轴径。

相对测量是指计量器具的示值仅表示被测量对已知标准量的偏差值。被测量的整个数值等于量仪所示偏差值与标准量的代数和，如用比较仪测量轴径，须先用量块将比较仪调零，然后进行测量，从比较仪上读到的是被测轴的直径与量块尺寸的偏差值。一般说来，相对测量的测量精度比较高，但测量较麻烦。

（3）接触测量和非接触测量

按被测表面与计量器具的测量头是否接触可分为接触测量和非接触测量。

接触测量是指计量器具在测量时，其测量头与被测表面直接接触的测量。

非接触测量是指计量器具在测量时，其测量头与被测表面不接触的测量，如用气动量仪测量孔径和用显微镜测量工件的表面粗糙度。

（4）单项测量和综合测量

按零件上同时被测的参数多少可分为单项测量和综合测量。

单项测量是指分别测量零件各个参数的测量，如分别测量螺纹的中径、螺距和牙型半角。

综合测量是指同时测量零件上某些相关的几何量而得一综合结果，根据综合结果判断是否合格，如用螺纹通规检验螺纹的单一中径、螺距和牙型半角实际值的综合结果（作用中径）是否合格。

（5）主动测量和被动测量

按技术测量在加工过程中所起的作用可分为主动测量和被动测量。

主动测量是指在零件加工过程中对被测几何量进行测量。其测量结果可直接用来控制加工过程，从而防止废品的发生。

被动测量是指在零件加工后进行的测量，此种测量只能判断零件是否合格，仅在于发现并剔除废品。

（6）静态测量和动态测量

按被测零件在测量过程中所处的状态可分为静态测量和动态测量。

静态测量是指测量时被测表面与测量头是相对静止的，如用千分尺测量轴径。

动态测量是指测量时被测表面与测量头处于相对运动状态，如用动态丝杠检查仪测量丝杠的参数。

1.1.3 测量误差产生原因和分类及测量精度

在实际测量过程中，不论采用什么样的精密测量器具，采用多么可靠的测量方法，测量误差都不可避免地会产生。因此要了解测量误差的相关知识和计算。

1. 测量误差产生的原因

测量误差 δ 是指测量结果 l 与被测量的真值 L 之差，即 $\delta = l - L$。

由于 l 可能大于 L，也可能小于 L，因此测量误差 δ 可能是正值或负值。测量误差绝对值的大小决定了测量精度的高低。误差的绝对值愈大，测量精度愈低，反之愈高。

上述测量误差又可称为绝对误差，若对大小不同的同类量进行测量，要比较其精度，就需采用测量误差的另外一种表示方法，即相对误差 f，它等于测量的绝对误差与被测量的真值之比，即

$$f = \frac{|l - L|}{L} \times 100\% = \frac{|\delta|}{L} \times 100\%$$

测量误差产生的原因归纳为以下几个方面：

1）基准件误差。任何基准件都不可避免地存在误差，其基准件误差会带入到测量值中，一般来说，基准件的误差不应超过总测量误差的 $1/5 \sim 1/3$。

2）计量器具误差。计量器具误差是指计量器具内在因素所引起的误差，包括设计原理、制造、装配调整、测量力所引起的变形和瞄准所存在的误差。

3）方法误差。方法误差是指测量时由于采用不完善的测量方法而引起的误差，采用的测量方法不同，产生的测量误差也不一样。

4）环境误差。环境误差是指由于环境因素的影响而产生的误差。环境条件包括温度、湿度、气压以及灰尘等。在这些因素中，温度引起的误差是主要误差来源。

5）人员误差。人员误差是指人为的原因所引起的测量误差，如测量者的估读判断能力、眼睛的分辨力、测量技术熟练程度、测量习惯等因素所引起的测量误差。

造成测量误差的因素很多，测量者应了解产生测量误差的原因，并进行分析，掌握其影响规律，设法消除或减少其对测量结果的影响，从而保证测量的精度。

2．测量误差的分类

根据测量误差的性质和特点，可分为系统误差、随机误差和粗大误差。

（1）系统误差

系统误差可分为已定系统误差和未定系统误差。已定系统误差是指在同一条件下，多次测量同一量值时，误差的绝对值和符号恒定不变，或在条件改变时，按某一规律变化的误差。例如，用比较仪测量零件时，调整仪器所用的量块的误差，对每次测量结果的影响是相同的。未定系统误差是指在同一测量条件下，多次测量同一量值时，误差对每一个测得值的影响是按一定规律变化的，但大小和符号难以确定。例如，指示表的表盘安装偏心所引起的示值误差是按正弦规律作周期性的变化的。

已定系统误差，由于规律是确定的，我们可以设法消除或在测量结果中加以修正。但未定系统误差，由于其变化规律未掌握，往往无法完全消除，因此常按随机误差处理。

（2）随机误差

随机误差是指在相同条件下，多次测量同一量值时，绝对值和符号以不可预定的方式变化着的误差。随机误差是由许多微小的随机因素造成的，在单次测量中，其误差出现是无规律的，但若进行多次重复测量时，则发现随机误差完全服从统计规律，其误差的大小和正负符号的出现具有确定的概率，因此常用概率论和统计原理对它进行处理，设法减少其对测量结果的影响。

（3）粗大误差

粗大误差是指由于测量不正确等原因引起的明显超出规定条件预计误差限的那种误差。例如，工作上的疏忽、经验不足、过度疲劳以及外界条件等引起的误差。由于粗大误差明显歪曲了测量结果，应剔除带有粗大误差的测得值。

系统误差和随机误差不是绝对的，它们在一定条件下可以相互转化。例如，量块的制造误差，对量块制造厂来说是随机误差，但如果以某一量块作为基准去成批地测量零件，则为被测零件的系统误差。

3. 测量精度

测量精度是指测得值与真值的接近程度。精度是误差的相对概念，而误差即是不准确、不精确的意思，是指测量结果偏离真值的程度。由于误差包含着系统误差和随机误差两个部分，因此笼统的精度概念不能反映上述误差的差异，从而引出以下概念。

（1）精密度

表示测量结果中的随机误差大小的程度。它是指在一定的条件下进行多次测量时，所得测量结果彼此之间的符合程度。精密度可以简称"精度"，通常用随机不确定度来表示。

（2）正确度

表示测量结果中其系统误差大小的程度，理论上可用修正值来消除。

（3）精确度

表示测量结果中系统误差与随机误差的综合反映。说明测量结果与真值的一致程度。正确度高，精密度不一定高，反之也然。只有精确度高，精密度和正确度都高。例如，打靶时，圆圈表示靶心，黑点表示弹孔。如图 1.3（a）所示，表示随机误差小，而系统误差大，即精密度高而正确度低；图 1.3（b）表示系统误差小，而随机误差大，即正确度高而精密度低。图 1.3（c）表示随机误差和系统误差都大，即精确度低，正确度和精密度也低。

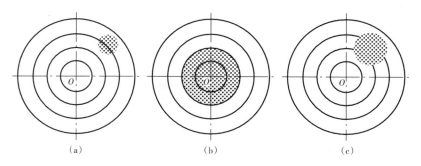

图 1.3 精密度、正确度、精确度示意图

1.2 项目实施：常用测量器具的使用

在实际生产中，常常需要测量已加工好的轴径和孔径，下面就介绍常用测量器具的选择和使用。

1.2.1 使用游标卡尺测量轴径

1. 游标卡尺的读数原理

游标卡尺是一种细分读数的装置，游标卡尺利用游标上一个刻度间距与主尺上一个或几个刻度间距离相差一个微量（分度值），从而细分的读数值，如图 1.4（a）所示。

游标读数原理如图 1.4（b）所示，图中游标卡尺的刻度间距 a 为 1mm，因此主尺每两小格与游标一小格的差值为 0.1mm。读数时，主尺的整数部分的读数由游标尺零刻线确定，如图 1.4（c）中的 60mm。而小数部分的读数则由对准主尺刻线的游标尺的刻线读出，如图 1.4（c）中游标尺上对准主尺刻线的是 5，故小数部分的读数为 $0.1 \times 5 = 0.5$mm 加上原来主尺寸上的整数读数，即为 $60 + 0.5 = 60.5$mm。

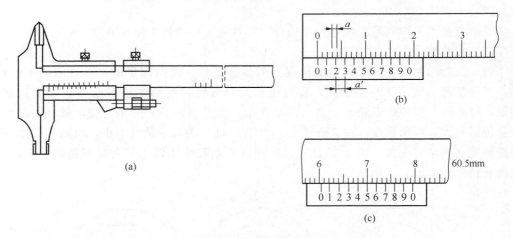

图 1.4 游标卡尺读数原理

2. 用游标卡尺测量孔、轴尺寸实例

（1）测量步骤

图 1.5（b）是由游标卡尺测量轴径的操作示意图，具体过程如下。

① 根据轴径的公称尺寸和公差大小选择与测量范围相当的游标卡尺。擦拭游标卡尺两量爪的测量面，将两量爪测量面合拢，检查读数是否为 0，如不是 0，应记下零位的示值误差，取其负值作为测量结果的修正值。

② 擦净被测轴的表面，将游标卡尺测量面卡紧被测轴的外径，注意不要卡得太紧，但也不能松动，当上下试移动时，以手感到有一点阻力为宜，特别要注意一定要卡在轴的直径部位。

③ 按照图 1.5（a）规定的 a—a、b—b、c—c 各截面测量轴径，注意各截面均要按 Ⅰ—Ⅰ、Ⅱ—Ⅱ 互相垂直的方向进行测量，这样测得 6 个读数。

④ 对六个读数进行数据处理，比较简单的方法是去掉最大读数和最小读数，再取余下的几个读数的平均值，并以第①步中所得的修正值进行修正，从而获得最终测得的轴径尺寸。

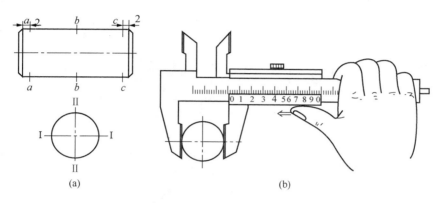

图 1.5　用游标卡尺测量轴径

（2）注意事项

① 若用游标卡尺测量孔径，则可以用游标卡尺另一侧的测量爪伸入孔内，在直径方向撑紧（不宜过紧），再用类似上述的测量方法进行测量，便可获得孔径的读数。

② 所测得的孔、轴实际尺寸必须在其验收极限范围内，才算合格。

1.2.2 使用螺旋测微千分尺测量轴径

1. 螺旋测微千分尺的读数原理

常用的螺旋测微外径千分尺结构如图 1.6（a）所示。通过精密螺旋副的螺距来实现读数，其精密螺旋副的螺距是 0.5mm，在微分筒 6 的锥面上均匀地刻有 50 条刻线，即微分筒上每一小格为 $0.5/50=0.01$mm，在固定套管 5 上有上下两排不对齐的刻线，刻线距离都是 1mm，上下两条刻线错开 0.5mm，由这两排刻线分别可以读出整数毫米数及 0.5mm 以内的小数，如图 1.6（b）所示的 8.35mm，其中 8mm 整数是从固定套管 5 下排刻线读得，而 0.35 是根据微分筒上与固定套管刻线对齐的那个刻线上读出的，又如图 1.6（c）所示的 14.68mm，其中 14mm 整数是从固定套管 5 的下排刻线读得，而 0.68 小数是根据微分筒上与固定套管 5 主刻线对齐的那个刻线读得数 0.18，再加上 0.5，即 0.68 而得到的。0.5mm 是通过固定套管 5 上排刻线确定的。由于 0.18 的刻线在上排刻线 0.5mm 的右方，小数部分应为 $0.5+0.18=0.68$mm。

17

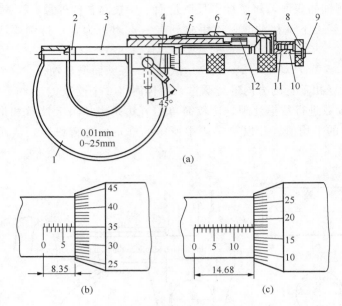

图 1.6　螺旋副测微千分尺读数原理

1—框架；2—测砧；3—测微螺杆；4—锁紧手柄；5—固定套管；

6—微分筒；7—刻度；8—恒测力钮；9—固定测力装置螺钉；

10—棘爪；11—小弹簧；12—精密螺旋副间隙调节螺母

2. 用螺旋副测微外径千分尺测量轴径的实例

① 先按被测轴图上设计公称尺寸和公差大小选择适当的千分尺。

② 将千分尺测量面合拢校对读数是否为 0，若不是 0，则应记下零位时的示值误差，取负值作为修正值。

③ 对测量范围大于 25mm 的千分尺用校对杆或量块比对所要测量的尺寸。

④ 将千分尺测量面与被测轴表面轻微接触，旋转右端棘轮，当听到喀喀声，即可读数，注意 0.5mm 以内的读数，并将读数减去示值误差，即获得测量结果，如图 1.7 所示。

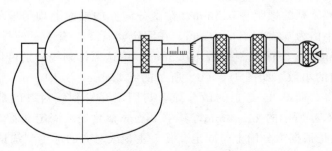

图 1.7　用螺旋副测微外径千分尺测轴径

⑤ 轴的实际尺寸应在其验收极限尺寸范围内，才算合格。

注意测量时要多测几个截面的直径，然后做数据处理测量结果。

1.2.3 使用内径千分表测量内孔尺寸

1. 内径千分表的工作原理

内径千分表是利用杠杆—齿轮传动，将测杆摆动变为指针回转运动的指示量仪。内径千分表的结构如图 1.8 所示，它主要用于测量内表面的内孔尺寸（相对法）。测量时，与内孔壁接触的是固定测头 1 和活动测头 2，活动测头 2 向里位移，通过杠杆 3，推动挺杆 4 向上，压缩弹簧 5，并推动齿轮转动，从而带动指示表指针回转。

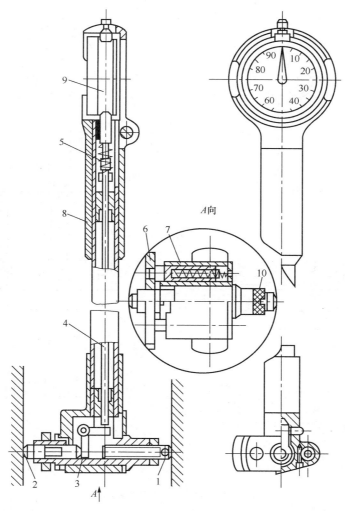

图 1.8　内径千分表

1—固定测头；2—活动测头；3—等臂直角杠杆；4—挺杆；5，7—弹簧；

6—定心板；8—隔热手柄；9—指示表；10—螺母

2. 用内径千分表测量孔径尺寸实例

如图 1.9 所示，当需要测量某内孔孔径时，可先选择适当尺寸的测杆装在测量挺杆上，并与需要配合的量块作比对，然后将带有测头的测杆放入孔内，且处于与孔内壁保持垂直的位置，再轻轻地摇摆测杆，此时仔细地观察表盘上指针的变化，经多方位测量，可获得被测孔的孔径尺寸 D。

$$D = L + \Delta L$$

式中：L——量块尺寸；

ΔL——被测孔径与量块尺寸之差（即指示表上的指针偏移量）。

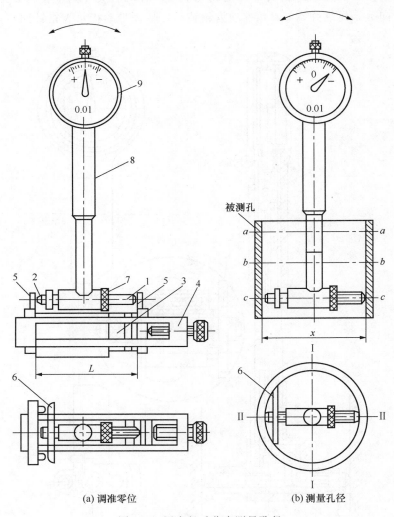

(a) 调准零位   (b) 测量孔径

图 1.9　用内径千分表测量孔径

1—固定测头；2—活动测头；3—量块组；4—量块夹子；5—卡脚；6—定心板；

7—固定测头锁紧螺母；8—隔热手柄；9—指示表

（1）测量步骤

① 按被测孔径基本尺寸和公差带代号，查表 2.4 求出其极限偏差 ES 和 EI，计算其上极限尺寸 D_{max} 和下极限尺寸 D_{min}，查表 2.13，找出安全裕度 A。继而算出上、下验收极限尺寸：

$$上验收极限尺寸 = D_{max} - A$$
$$下验收极限尺寸 = D_{min} + A$$

② 将算好的量块组装入量块夹子，以便比对。

③ 根据被测孔径基本尺寸，选择合适的固定测头 1，拧入测量机构的螺孔内，并扳紧螺母 10。

④ 右手握隔热手柄 8，左手压定心板 6，将活动测头内缩，使两端测头的距离小于量块组尺寸后，放入量块夹子的两卡脚之间，让两测头分别与两卡脚的平面接触。

⑤ 摆动内径千分表，当指针回转到转折点（即读数最小）时，两测头与两卡脚平面接触的两个点的连线与卡脚平面垂直，这时两接触点的距离即等于量块的尺寸。此时转动指示表的外环，使表盘上的零位转到与指针对齐，即调零位。

⑥ 用手指压定心板，使活动测头内缩，以便将内径千分表从卡脚中取出。

⑦ 正式测量被测孔径，即手握隔热柄，将已调零的内径千分表的测头伸入被测孔中，先伸进定心板和活动测头，略压缩活动测头，伸入固定测头，当测头到达规定的测量部位后，按图上箭头方向摆动内径千分表，注意观察指针顺时针会转到转折点的读数，即表示两测头与被测孔壁垂直。若读数偏离零位，将此读数乘以指示表的分度值，即是被测孔径的实际偏差。需注意的是当指针按顺时针方向超过零位的读数应为负值，即意味此时孔径尺寸小于量块尺寸，活动测头内缩而使指针顺时针越过零位。此时，被测孔径的实际测得的尺寸应等于量块尺寸加实际偏差。反之，则应用量块尺寸减去实际偏差。

⑧ 按图 1.9 中指定的 $a—a$、$b—b$、$c—c$ 三个截面上两个相互垂直的方向Ⅰ—Ⅰ、Ⅱ—Ⅱ所测得的各处孔径实际尺寸均在前面计算而得到的验收极限范围内，则判断该孔径合格。

（2）注意事项

千分表也存在一定的不确定度，例如分度值为 0.001 的千分表，测量尺寸范围为 25～115mm 时，测量不确定度为 0.005mm；当测量尺寸范围为 115～315mm 时，测量不确定度为 0.006mm。

测量中所使用的标准器具是由 4 块 1 级（或 4 等）量块组成。

1.2.4 使用万能测长仪测量外尺寸

1. 万能测长仪的读数原理

如图 1.10 所示，万能测长仪的测座是由测量轴和读数显微镜组成，测量前应先将测量轴与尾座上的测量砧接触，并读出显微镜中的读数（一般为零），然后，装上零件，并使零件分别与测量轴和测量砧接触，此时，观察显微镜中的读数，前后两次读数之差，即为被测零件的尺寸。

图 1.10　万能测长仪

2. 用万能测长仪测量零件尺寸实例

若需要测量某圆柱体的外径尺寸，则只要将零件圆柱体放在工作台上，使其轴线与测量轴的轴线处于相垂直的位置，并使其圆柱面分别与测量轴和尾架上的测量砧接触。此时，观察显微镜中的读数，若原显微镜中读数调为 0，则显微镜的读数就是被测零件的直径尺寸。如果原显微镜中的读数不是 0，则应将现在的读数减去原来显微镜中的读数，两次读数之差，即为测得的尺寸。测量方法如图 1.11 所示。

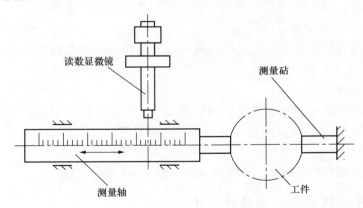

图 1.11　万能测长仪测量直径示意图

若利用万能测长仪测量内尺寸时，可以在测量轴上和尾架管上分别装上内测钩装置，便可以测量内尺寸。

万能测长仪的主要技术指标见表1.2。

表 1.2　万能测长仪的主要技术指标　　　　（单位：μm）

测量范围		示值误差				示值变动	
		对分划标尺不修正		对分划标尺修正			
直接	比较	测外尺寸	测内尺寸	测外尺寸	测内尺寸	外尺寸	内尺寸
0～100	外尺寸 0～500	$(1.5+L/200)$	$(2+L/200)$	$(1+L/200)$	$(1.5+L/200)$	0.3	0.5
	内尺寸 0～200						

注：L—被测尺寸，mm。

1.2.5 使用三坐标测量机测量零件的曲线轮廓尺寸

三坐标测量机（图1.12）在 x、y、z 三个坐标方向都有导向机构，被测零件安放在工作台3上，测量头7在各测量点移动，通过数字显示器或计算机 x、y、z 三个方向的坐标值显示出来。现就悬臂式三坐标测量机的工作原理及测量方法介绍如下。

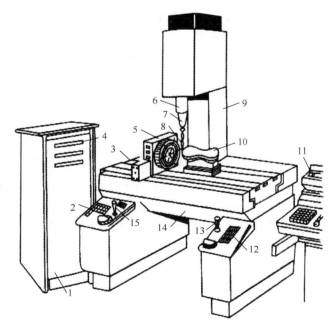

图 1.12　悬臂式三坐标测量机

1—电气控制箱；2—操作键盘；3—工作台；4—数显器；5—分度头；6—测轴；7—三维测头；
8—测量针；9—立柱；10—零件；11—记录仪、打印机等外部设备；12—程序调用键盘；
13、15—控制 x、y、z 三个运动方向的操作手柄；14—机座

1. 悬臂式三坐标测量机的测量原理

图 1.12 为悬臂式三坐标测量机，它的三个测量方向互成直角，纵向运动为 x 方向（称 x 轴），横向运动方向为 y 方向（称 y 轴），垂直运动方向 z 方向（称 z 轴），z 轴固定在悬臂 y 轴上，跟 y 轴一起做横向前后移动。测量时，操作控制手柄 13、15，此时，测量机的三维测头 7 带动测量针 8 在被测零件各测量点间移动，数字显示器 4 将 x、y、z 三个方向的坐标值显示出来，同时打印机也做出相应的反映。

2. 用三坐标测量机测量带有曲面的两件轮廓实例

三坐标测量机的测量方法是将加工好的零件与图样进行模拟比较，通过软件控制测量传感装置，进行连续测量，现以带有曲面的零件为例进行介绍。

（1）测量步骤

① 将零件 10 安放在工作台 3 上，并用计算机校正。此时零件的坐标系为 xw、yw、zw。

② 以标准量（量块）校准测头。

③ 启动程序调节键盘，将零件坐标系中的基准点坐标输入计算机。

④ 将测轴 6 移动到测量位置（测量机测头坐标系为 xw、yw、zw）。

⑤ 操作控制手柄 13、15，控制测头 x、y、z 三个运动方向。

⑥ 控制三维测头 7，带动测针在被测零件的曲面各测量点间移动，对零件轮廓进行连续扫描测量。

⑦ 观察数字显示器 4 所显示的坐标读数值。

⑧ 获取打印记录。

（2）注意事项

① 数字显示测量机一般采用光栅或感应同步器，也有采用磁尺或激光干涉仪的。采用光栅的测量精度在 $1\sim10\mu m$，采用感应同步器及磁尺的测量精度在 $2\sim10\mu m$，采用激光干涉仪的测量精度为 $0.1\mu m$。

② 三坐标测量机的计算机可以自动找正、自动进行坐标转换，自动进行数据处理，并可以储存一定数量的数据。三坐标测量机可以在空间相互垂直的三个坐标上对长度、位置度、几何轮廓、空间曲面等复杂零件进行高质量、高精度、高效率测量，有利于缩短加工机床停机测量时间，便于与加工中心配套使用。由于三坐标机价格昂贵，中小企业生产车间应用很少。

思考与练习

1.1　测量的实质是什么？一个测量过程包括哪些要素？

1.2　测量和检验各有何特点？

1.3 试从 83 块一套的量块中组合下列尺寸：29.875mm、36.53mm、40.79mm、10.56mm。

1.4 量块的作用是什么？其结构上有何特点？

1.5 量块的"等"和"级"有何区别？举例说明如何按"等"或"级"使用。

1.6 举例说明什么是绝对测量和相对测量、直接测量和间接测量。

1.7 何为测量误差？其主要来源有哪些？

项目 2

孔与轴公差配合及选用

知识目标

1. 了解尺寸、偏差、公差的基本概念。
2. 掌握公差带图的画法。
3. 理解间隙配合、过渡配合、过盈配合的特点，配合公差的定义。
4. 了解标准公差系列和基本偏差系列的构成。
5. 了解基孔制和基轴制的含义、配合选择的基本原则和一般方法。
6. 掌握标准公差数值表和孔与轴的基本偏差数值表查表方法。
7. 理解图样上标注的尺寸公差配合的含义。
8. 了解国家标准关于一般公差、线性尺寸的未注公差的规定。

技能目标

1. 能进行公差、偏差、极限间隙和过盈的计算，会绘制公差带图。
2. 能根据零件的技术要求，选择基准制。
3. 能根据零件的技术要求，选择公差等级。
4. 能根据零件的技术要求，选择配合种类，并会在图样上标注。
5. 能运用所学知识分析一般零件公差配合，并会对一般零件的公差进行选择。
6. 能进行光滑工件验收极限尺寸的确定和计量器具的选择。

以 某装配图和活塞连杆机构中尺寸公差与配合标注为例。零件在加工和装配过程中尺寸精度体现在零件图和装配图的技术要求中，如图2.1～图2.3所示。

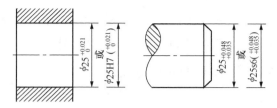

图 2.1　零件图中公差带的标注

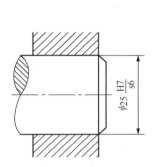

图 2.2　装配图中配合尺寸的标注图

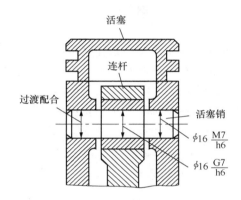

图 2.3　活塞连杆机构装配图配合尺寸标注

图2.1中 $\phi25H7$ 是零件图中孔的尺寸公差标注形式之一，$\phi25s6$ 是零件图中轴的尺寸公差标注形式之一，图2.2和图2.3中 $\phi25H7/s6$、$\phi16M7/h6$、$\phi16G7/h6$ 是装配图中常见的尺寸公差与配合标注形式。

图中的孔轴公差配合体现了本项目的知识目标和所要实现的技能目标。

2.1 相关知识：极限与配合

识读图 2.1～图 2.3 中的尺寸公差及配合标注时，应该获得以下信息：公称尺寸、极限偏差和公差、精度等级、基准制和配合类型以及极限盈隙。

2.1.1 极限与配合的基本术语及其定义

1. 孔和轴

孔：通常指工件的圆柱形内表面，也包括非圆柱形内表面（由二平行平面或切面形成的包容面）。

基准孔：在基孔制中选作基准的孔。

轴：通常指工件的圆柱形外表面，也包括非圆柱形外表面（由二平行平面或切面形成的被包容面）。

基准轴：在基轴制中选作基准的轴。

由单一尺寸所形成的内外表面如图 2.4 所示。

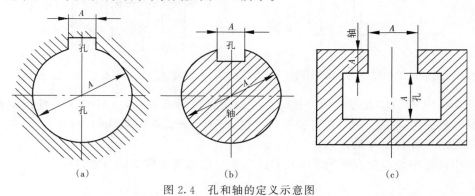

图 2.4 孔和轴的定义示意图

2. 有关尺寸的术语及定义

（1）尺寸

以特定单位表示线性尺寸值的数值。如直径、半径、长度、宽度、高度、深度等都是尺寸。尺寸表示长度的大小，由数字和长度单位（如 mm）组成。

（2）公称尺寸（D、d）

公称尺寸是指由图样规范确定的理想形状要素的尺寸，它是设计者根据使用要求，通过设计计算和结构方面的考虑，或根据试验和经验而确定的。一般应按标准尺寸选取以减少定值刀具、量具和夹具的规格数量。一般孔的公称尺寸用 D 表示，轴的公称尺寸用 d 表示。公称尺寸可以是一个数值或一个小数值，例如 32、15、8.75、0.5 等。

（3）提取要素局部尺寸

提取组成要素的局部尺寸（简称提取要素的局部尺寸）为一切提取组成要素上的

两对应点之间距离的统称。

如图 2.5 所示为零件几何要素定义间的相互关系。图 2.5（a）中 A 为公称组成要素，是由设计图样确定的，对应尺寸为公称尺寸；图 2.5（b）中 C 为实际组成要素，由加工得到；图 2.5（c）中 D 为提取组成要素，由实际组成要素提取有限数目的点所形成的实际组成要素的近似替代，提取要素上两对应点之间的距离即提取要素局部尺寸，可用两点法测量得到。

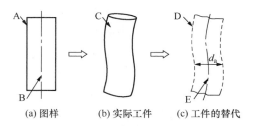

图 2.5　几何要素的定义间的相互关系

由于存在测量误差，通过测量获得的提取要素局部尺寸并非被测尺寸的真值。

一般孔的提取要素局部尺寸用 D_a 表示，轴的提取要素局部尺寸用 d_a 表示。

（4）极限尺寸（D_{max}、D_{min}、d_{max}、d_{min}）

尺寸要素允许的尺寸的两个极端称为极限尺寸。提取要素局部尺寸应位于其中，也可达到极限尺寸。尺寸要素允许的最大尺寸为上极限尺寸；尺寸要素允许的最小尺寸为下极限尺寸。孔或轴上极限尺寸分别用 D_{max}、d_{max} 表示，孔或轴下极限尺寸分别用 D_{min}、d_{min} 表示，如图 2.6 所示。

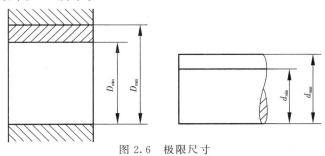

图 2.6　极限尺寸

3. 有关公差和偏差的术语和定义

（1）偏差

某一尺寸（实际尺寸、极限尺寸等）减其公称尺寸所得的代数差称为偏差。偏差包括实际偏差与极限偏差，而极限偏差又分为上偏差和下偏差。

（2）极限偏差

孔的上、下极限偏差代号用大写字母 ES、EI 表示，轴的上、下偏差代号用小写字母 es、ei 表示。

上极限尺寸减其公称尺寸所得的代数差称为上极限偏差（ES、es），下极限尺寸减其公称尺寸所得的代数差称为下极限偏差（EI、ei），即

孔的上、下极限偏差：$ES = D_{max} - D$，$EI = D_{min} - D$；

轴的上、下极限偏差：$es = d_{max} - d$，$ei = d_{min} - d$。

（3）实际偏差

实际组成要素局部尺寸减其公称尺寸所得的代数差称为实际偏差。孔的实际偏差

用"Ea"表示，轴的实际偏差用"ea"表示。

（4）尺寸公差（简称公差）

允许尺寸的变化量称为公差。上极限尺寸与下极限尺寸之差，或上极限偏差与下极限偏差之差。尺寸公差是绝对值，如图2.7所示。

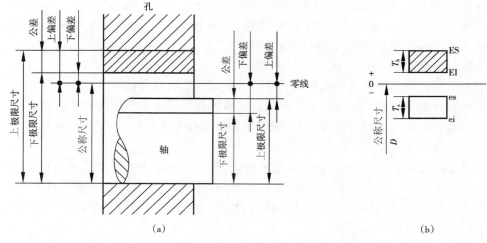

图 2.7　尺寸、偏差与公差

孔的公差

$$T_h = \left| D_{\max} - D_{\min} \right| = \left| \mathrm{ES} - \mathrm{EI} \right| \tag{2-1}$$

轴的公差

$$T_s = \left| d_{\max} - d_{\min} \right| = \left| \mathrm{es} - \mathrm{ei} \right| \tag{2-2}$$

偏差与公差的比较：

1）偏差是从零线起计算的，是指相对于公称尺寸的偏离量，可以为正值、负值或零；而公差是允许尺寸的变化量，代表加工精度的要求，由于加工误差不可避免，故公差值不能为零，一定是正值。

2）极限偏差用于限制实际偏差，而公差用于限制误差。

3）对单个零件，只能测出尺寸的实际偏差，而对数量足够多的一批零件，才能确定尺寸误差。

4）从工艺看，偏差取决于加工时机床的调整（进刀），不反映加工难易，而公差表示尺寸制造精度，反映加工难易程度。

5）从作用看，极限偏差代表公差带的位置，影响配合松紧；而公差代表公差带的大小，影响配合精度。

（5）基本偏差

用以确定公差带相对于零线位置的上极限偏差或下极限偏差称为基本偏差。一般将公差带靠近零线的那个偏差作为基本偏差。

（6）公差带

在公差带图解中，由代表上极限偏差和下极限偏差或上极限尺寸和下极限尺寸的两条直线所限定的一个区域，称为尺寸公差带。公差带是由公差带大小和其相对零线位置的基本偏差来确定。

如图 2.8 所示，用图所表示的公差带称为公差带图。由于公称尺寸数值与公差及极限偏差数值悬殊，不便用同一比例表示，为了表示方便，以零线表示公称尺寸。

（7）零线

零线是在公差带图中表示公称尺寸的一条直线，以其为基准确定偏差和公差，通常，零线沿水平方向绘制，正偏差位于其上，负偏差位于其下，如图 2.8 所示。

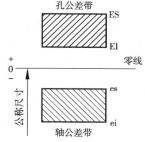

图 2.8　公差带图

【例 2.1】　公称尺寸 $D = d = 25$mm，孔的极限尺寸 $D_{max} = 25.021$mm，$D_{min} = 25$mm；轴的极限尺寸 $d_{max} = 24.980$mm，$d_{min} = 24.967$mm。现测得孔、轴的提取要素局部尺寸分别为 $D_a = 25.010$mm，$d_a = 24.971$mm，求孔、轴的极限偏差、实际偏差及公差，并画出孔、轴的公差带示意图。

解　孔的极限偏差

$$ES = D_{max} - D = 25.021 - 25 = +0.021 \text{mm}$$
$$EI = D_{min} - D = 25 - 25 = 0$$

轴的极限偏差

$$es = d_{max} - d = 24.980 - 25 = -0.020 \text{mm}$$
$$ei = d_{min} - d = 24.967 - 25 = -0.033 \text{mm}$$

孔的实际偏差

$$E_a = D_a - D = 25.010 - 25 = +0.010 \text{mm}$$

轴的实际偏差

$$e_a = d_a - d = 24.971 - 25 = -0.029 \text{mm}$$

孔的公差

$$T_h = D_{max} - D_{min} = 25.021 - 25 = 0.021 \text{mm}$$

或

$$T_h = ES - EI = +0.021 - 0 = 0.021 \text{mm}$$

轴的公差

$$T_s = d_{max} - d_{min} = 24.980 - 24.967 = 0.013 \text{mm}$$

或

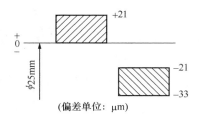

（偏差单位：μm）

图 2.9　公差带图

$$T_s = es - ei = -0.02 - (-0.033) = 0.013 \text{mm}$$

孔、轴公差带示意图如图 2.9 所示。

4. 有关配合的术语及定义

（1）配合

配合是指公称尺寸相同的、相互结合的孔和轴公差带之间的关系。根据孔和轴公差带之间的不同关系，国家标准规定配合可分为间隙配合、过盈配合和过渡配合三大类。

（2）间隙和过盈

孔的尺寸减去相配合的轴的尺寸之差为正时是间隙，用符号 X 表示；尺寸之差为负时是过盈，用符号 Y 表示。

（3）间隙配合

具有间隙（包括最小间隙等于零）的配合，此时，孔的公差带在轴的公差带之上，如图 2.10 所示。

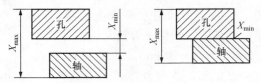

图 2.10　间隙配合

间隙配合的性质用最大间隙 X_{max}、最小间隙 X_{min} 和平均间隙 X_{av} 表示

$$X_{max} = D_{max} - d_{min} = ES - ei \tag{2-3}$$

$$X_{min} = D_{min} - d_{max} = EI - es \tag{2-4}$$

$$X_{av} = \frac{X_{max} + X_{min}}{2} \tag{2-5}$$

（4）过盈配合

具有过盈（包括最小过盈等于零）的配合，此时，孔的公差带在轴的公差带之下，如图 2.11 所示。

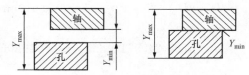

图 2.11　过盈配合

过盈配合的性质用最大过盈 Y_{max}、最小过盈 Y_{min} 和平均过盈 Y_{av} 表示

$$Y_{min} = D_{max} - d_{min} = ES - ei \tag{2-6}$$

$$Y_{max} = D_{min} - d_{max} = EI - es \tag{2-7}$$

$$Y_{av} = \frac{Y_{min} + Y_{max}}{2} \tag{2-8}$$

（5）过渡配合

可能具有间隙或过盈的配合。此时，孔的公差带与轴的公差带相互交叠，如图 2.12 所示。它是介于间隙配合和过盈配合之间的一类配合，但其间隙或过盈都不大。

过渡配合的性质用最大间隙 X_{max}、最大过盈 Y_{max} 和平均间隙 X_{av} 或平均过盈 Y_{av} 表示

$$X_{av}（或 Y_{av}）= \frac{X_{max} + Y_{max}}{2} \tag{2-9}$$

按上式计算，若所得的值为正时是平均间隙，表示偏松的过渡配合；若所得值为负时是平均过盈，表示偏紧的过渡配合。

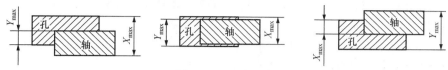

图 2.12　过渡配合

（6）配合公差（T_f）

组成配合的孔、轴公差之和。它是允许间隙或过盈的变动量。配合公差是一个没有符号的绝对值，用代号 T_f 表示。

对于间隙配合

$$T_f = T_h + T_s = |X_{max} - X_{min}| \qquad (2\text{-}10)$$

对于过盈配合

$$T_f = T_h + T_s = |Y_{min} - Y_{max}| \qquad (2\text{-}11)$$

对于过渡配合

$$T_f = T_h + T_s = |X_{max} - Y_{max}| \qquad (2\text{-}12)$$

上式表明：配合精度与零件的加工精度有关。若要配合精度高，则应降低相配合的孔、轴零件的尺寸公差，即提高工件本身的加工精度。反之，若要求配合精度低，则可提高相配合的孔、轴零件的尺寸公差，即降低工件本身的加工精度。

5. 配合制

同一极限制的孔和轴组成配合的一种制度，称为配合制。为了便于生产加工，国家标准 GB/T 1800—2009 对配合规定了两种基准制：基孔制配合和基轴制配合。

（1）基孔制配合

基本偏差为一定的孔的公差带，与不同基本偏差的轴的公差带形成各种配合的一种制度，如图 2.13（a）所示，基孔制配合的孔为基准孔，用基本偏差 H 表示，它是配合的基准件，而轴是非基准件。

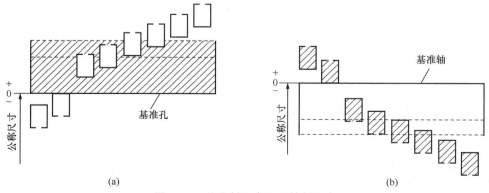

(a)　　　　　　　　　　　　　　　　(b)

图 2.13　基孔制配合和基轴制配合

（2）基轴制配合

基本偏差为一定的轴的公差带，与不同基本偏差的孔的公差带形成各种配合的一种制度。如图 2.13（b）所示，基轴制配合的轴为基准轴，用基本偏差 h 表示，它是配合的基准件，而孔是非基准件。

图 2.13 中，水平实线代表孔和轴的基本偏差，虚线代表另一极限，表示孔和轴之间可能的不同组合与它们的公差等级有关。

基孔制配合和基轴制配合是规定配合系列的基础。按照孔、轴公差带相对位置的不同，基孔制和基轴制都有间隙配合、过渡配合和过盈配合三类配合。

综上所述，各种配合是由孔、轴公差带之间的关系决定的，而公差带的大小和位置又分别由标准公差和基本偏差所决定。标准公差和基本偏差的制定及构成系列将在下节详细介绍。

【例 2.2】　若某配合孔的尺寸为 $\phi 50^{+0.007}_{-0.018}$（mm），轴的尺寸为 $\phi 50^{\ 0}_{-0.016}$（mm），试分别计算其极限间隙或极限过盈、平均间隙或平均过盈、配合公差，并画出其孔、轴公差带示意图，说明其配合性质。

解　最大间隙

$$X_{\max} = ES - ei = (+0.007) - (-0.016) = +0.023 \text{mm}$$

最大过盈

$$Y_{\max} = EI - es = (-0.018) - 0 = -0.018 \text{mm}$$

平均间隙或平均过盈

$$\frac{X_{\max} + Y_{\max}}{2} = \frac{(+0.023) + (-0.018)}{2} = +0.0025 \text{mm} = X_{av}$$

配合公差

$$T_f = X_{\max} - Y_{\max} = (+0.023) - (0.018) = 0.041 \text{mm}$$

孔轴公差带示意图如图 2.14 所示，此配合为过渡配合。

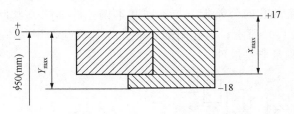

图 2.14　公差带图

2.1.2　极限与配合国家标准的构成

为了实现互换性生产，极限与配合必须标准化。《产品几何技术规范（GPS）极限与配合第 1 部分：公差、偏差和配合的基础》（GB/T 1800.1—2009）代替 GB/T 1800.1—1997，GB/T 1800.2—1998，GB/T 1800.3—1998；《产品几何技术规范（GPS）极限与配合第 2 部分：标准公差等级和孔、轴极限偏差表》（GB/T 1800.2—2009）代替《极限与配合标准公差等级和孔、轴的极限偏差表》（GB/T 1800.4—1999）。

1. 标准公差系列

（1）标准公差等级

确定尺寸精确程度的等级称为公差等级。公差等级的高低，决定了孔、轴的尺寸精度和配合精度。同一公差等级（如 IT7）对所有公称尺寸的一组公差被认为具有同等精确程度。

标准公差等级分 IT01、IT0、IT1、IT2、…、IT18 共 20 级，依序精度逐渐降低。

（2）标准公差因子和标准公差数值

标准公差因子是用以确定标准公差的基本单位，该因子是公称尺寸的函数，也是制定标准公差数值系列的基础。

生产实践表明，在相同的加工条件下，公称尺寸不同的孔或轴加工后产生的加工误差也不同，利用统计法可以发现加工误差与公称尺寸呈立方抛物线的关系，如图 2.15 所示。

公差是用来控制加工误差的。由于加工误差与公称尺寸有一定的关系，借用这一关系便可制定出公差来。公差与公称尺寸的关系可用标准公差因子 i 按下式表示：

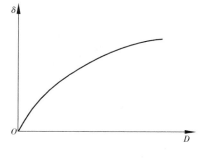

图 2.15　加工误差与公称
尺寸的关系

$$i = 0.45\sqrt[3]{D} + 0.001D \, \mu m \qquad (2\text{-}13)$$

式中，D——公称尺寸，mm。

上式表明，公差因子是公称尺寸的函数。式中第一项表示公差与公称尺寸符合立方抛物线的关系；第二项是考虑补偿测量误差（主要是测量时温度的变化）的影响，呈线性关系。

GB/T1800.3 中各个公差等级的标准公差值的计算公式见表 2.1。

表 2.1　标准公差计算公式

公差等级	公　式	公差等级	公　式	公差等级	公　式
IT01	$0.3 + 0.008D$	IT5	$7i$	IT12	$160i$
IT0	$0.5 + 0.012D$	IT6	$10i$	IT13	$250i$
IT1	$0.8 + 0.020D$	IT7	$16i$	IT14	$400i$
IT2	$(IT1)\left(\dfrac{IT5}{IT1}\right)^{1/4}$	IT8	$25i$	IT15	$640i$
		IT9	$40i$	IT16	$1000i$
IT3	$(IT1)\left(\dfrac{IT5}{IT1}\right)^{2/4}$	IT10	$64i$	IT17	$1600i$
IT4	$(IT1)\left(\dfrac{IT5}{IT1}\right)^{3/4}$	IT11	$100i$	IT18	$2500i$

在公称尺寸和公差等级已定的情况下，按国家标准规定的标准公差计算式算出的

相应的标准公差值，见表 2.2。

表 2.2　公称尺寸至 500mm 标准公差数值（摘自 GB/T 1800.1—2009）　　（单位：μm）

尺寸/mm		公差等级									
大于	至	IT4	IT5	IT6	IT7	IT8	IT9	IT10	IT11	IT12	IT13
—	3	3	4	6	10	14	25	40	60	100	140
3	6	4	5	8	12	18	30	48	75	120	180
6	10	4	6	9	15	22	36	58	90	150	220
10	18	5	8	11	18	27	43	70	110	180	270
18	30	6	9	13	21	33	52	84	130	210	330
30	50	7	11	16	25	39	62	100	160	250	390
50	80	8	13	19	30	46	74	120	190	300	460
80	120	10	15	22	35	54	87	140	220	350	540
120	180	12	18	25	40	63	100	160	250	400	630
180	250	14	20	29	46	72	115	185	290	460	720
250	315	16	23	32	52	81	130	210	320	520	810
315	400	18	25	36	57	89	140	230	360	570	890
400	500	20	27	40	63	97	155	250	400	630	970

（3）公称尺寸分段

根据标准公差的计算公式，不同的公称尺寸就有相应的公差值，这会使公差表格非常庞大。为了简化公差与配合的表格，便于应用，国家标准对公称尺寸进行了分段。在同一尺寸段内，按首尾两个尺寸（D_1 和 D_2）的几何平均值作为 D 值（$D = \sqrt{D_1 \times D_2}$）来计算公差值。

常用尺寸（≤500mm）的尺寸分为 13 个尺寸段，见表 2.2，这样的尺寸段叫主段落。标准将一些主段落又分成 2 或 3 个中间段落，用在基本偏差表中。在实际应用中，标准公差值可直接从表 2.2 得到，不必另行计算。

2. 基本偏差系列

基本偏差是用以确定公差相对零线位置的那个极限偏差。它可以是上偏差或下偏差，一般为靠近零线的那个偏差。设置基本偏差系列是为了将公差带相对于零线的位置标准化，满足各种不同配合性质的需要。

（1）基本偏差代号及其特点

国家标准对孔和轴分别规定了 28 种基本偏差，其代号用拉丁字母表示，大写表示孔，小写表示轴。28 种基本偏差代号，由 26 个拉丁字母中去掉 5 个容易与其他含义混淆的字母 I（i）、O（o）、L（l）、Q（q）、W（w），再加上 7 个双写字母 CD（cd）、EF（ef）、FG（fg）、JS（js）、ZA（za）、ZB（zb）、ZC（zc）组成。这 28 种基本偏差代号反映 28 种公差带的位置，构成了基本偏差系列，如图 2.16 所示。

基本偏差系列图中，仅绘出了公差带一端的界线，而公差带另一端的界线未绘出。它将取决于公差带的标准公差等级和这个基本偏差的组合。因此，任何一个公差带都

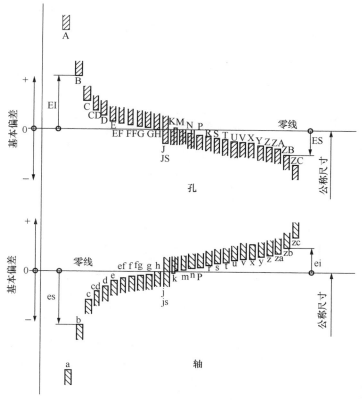

图 2.16　基本偏差系列示意图

用基本偏差代号和公差等级数字表示，如孔公差带 H7、P8，轴公差带 h6、m7 等。

对所有公差带，当位于零线上方时，基本偏差为下偏差 EI（对孔）或 ei（对轴）；当位于零线下方时，基本偏差为上偏差 ES（对孔）或 es（对轴）。

除 J、j 与某些高的公差等级形成的公差带以外，基本偏差都是指靠近零线的，或绝对值较小的那个极限偏差。JS、js 形成的公差带在各个公差等级中，完全对称于零线，故上偏差 $+\dfrac{IT}{2}$ 或下偏差 $-\dfrac{IT}{2}$ 均可为基本偏差。

孔的基本偏差从 A 到 H 为下偏差 EI，从 J 到 ZC 为上偏差 ES。轴的基本偏差从 a 到 h 为上偏差 es，从 j 到 zc 为下偏差 ei。

基本偏差中的 H 和 h 的基本偏差为零，H 代表基准孔，h 代表基准轴。

（2）轴的基本偏差的确定

轴的基本偏差数值是以基孔制配合为基础，根据各种配合性质经过理论计算、实验和统计分析得到的，见表 2.3。

当轴的基本偏差确定后，轴的另一个极限偏差可根据下列公式计算

$$es = ei + T_S \quad 或 \quad ei = es - T_S \tag{2-14}$$

（3）孔的基本偏差的确定

孔的基本偏差是由轴的基本偏差换算得到，见表 2.4。一般对同一字母的孔的基本

表 2.3 轴的基本偏差数值

公称尺寸 /mm		上偏差 es（所有标准公差等级）												基本			
														IT5 和 IT6	IT7	IT8	IT4 和 IT7
大于	至	a	b	c	cd	d	e	ef	f	fg	g	h	js	j	j	j	j
—	3	−270	−140	−60	−34	−20	−14	−10	−6	−4	−2	0	偏差 = ± $\frac{ITn}{2}$ ，式中 ITn 是 IT 数值	−2	−4	−6	0
3	6	−270	−140	−70	−46	−30	−20	−14	−10	−6	−4	0		−2	−4		+1
6	10	−280	−150	−80	−56	−40	−25	−18	−13	−8	−5	0		−2	−5		+1
10	14	−290	−150	−95		−50	−32		−16		−6	0		−3	−6		+1
14	18	−290	−150	−95		−50	−32		−16		−6	0		−3	−6		+1
18	24	−300	−160	−110		−65	−40		−20		−7	0		−4	−8		+2
24	30	−300	−160	−110		−65	−40		−20		−7	0		−4	−8		+2
30	40	−310	−170	−120		−80	−50		−25		−9	0		−5	−10		+2
40	50	−320	−180	−130		−80	−50		−25		−9	0		−5	−10		+2
50	65	−340	−190	−140		−100	−60		−30		−10	0		−7	−12		+2
65	80	−360	−200	−150		−100	−60		−30		−10	0		−7	−12		+2
80	100	−380	−220	−170		−120	−72		−36		−12	0		−9	−15		+3
100	120	−410	−240	−180		−120	−72		−36		−12	0		−9	−15		+3
120	140	−460	−260	−200		−145	−85		−43		−14	0		−11	−18		+3
140	160	−520	−280	−210		−145	−85		−43		−14	0		−11	−18		+3
160	180	−580	−310	−230		−145	−85		−43		−14	0		−11	−18		+3
180	200	−660	−340	−240		−170	−100		−50		−15	0		−13	−21		+4
200	225	−740	−380	−260		−170	−100		−50		−15	0		−13	−21		+4
225	250	−820	−420	−280		−170	−100		−50		−15	0		−13	−21		+4
250	280	−920	−480	−300		−190	−110		−56		−17	0		−16	−26		+4
280	315	−1050	−540	−330		−190	−110		−56		−17	0		−16	−26		+4
315	355	−1200	−600	−360		−210	−125		−62		−18	0		−18	−28		+4
335	400	−1350	−680	−400		−210	−125		−62		−18	0		−18	−28		+4
400	450	−1500	−760	−440		−230	−135		−68		−20	0		−20	−32		+5
450	500	−1650	−840	−480		−230	−135		−68		−20	0		−20	−32		+5
500	560					−260	−145		−76		−22	0					0
560	630					−260	−145		−76		−22	0					0
630	710					−290	−160		−80		−24	0					0
710	800					−290	−160		−80		−24	0					0
800	900					−320	−170		−86		−26	0					0
900	1000					−320	−170		−86		−26	0					0
1000	1120					−350	−195		−98		−28	0					0
1120	1250					−350	−195		−98		−28	0					0
1250	1400					−390	−220		−110		−30	0					0
1400	1600					−390	−220		−110		−30	0					0
1600	1800					−430	−240		−120		−32	0					0
1800	2000					−430	−240		−120		−32	0					0
2000	2240					−480	−260		−130		−34	0					0
2240	2500					−480	−260		−130		−34	0					0
2500	2800					−520	−290		−145		−38	0					0
2800	3150					−520	−290		−145		−38	0					0

注：1. 公称尺寸小于或等于 1mm 时，基本偏差 a 和 b 均不采用。

2. 公差带 js7 至 js11，若 ITn 数值是奇数，则取偏差 = ± $\frac{ITn-1}{2}$ 。

（摘自 GB/T 1800.1—2009）

偏差数值

						下偏差 ei								
≤IT3 >IT7						所有标准公差等级								
k	m	n	p	r	s	t	u	v	x	y	z	za	zb	zc
0	+2	+4	+6	+10	+14		+18		+20		+26	+32	+40	+60
0	+4	+8	+12	+15	+19		+23		+28		+35	+42	+50	+80
0	+6	+10	+15	+19	+23		+28		+34		+42	+52	+67	+97
0	+7	+12	+18	+23	+28		+33		+40		+50	+64	+90	+130
							+39		+45		+60	+77	+108	+150
0	+8	+15	+22	+28	+35		+41	+47	+54	+63	+73	+98	+136	+188
						+41	+48	+55	+64	+75	+88	+118	+160	+218
0	+9	+17	+26	+34	+43	+48	+60	+68	+80	+94	+112	+148	+200	+274
						+54	+70	+81	+97	+114	+136	+180	+242	+325
0	+11	+20	+32	+41	+53	+66	+87	+102	+122	+144	+172	+226	+300	+405
				+43	+59	+75	+102	+120	+146	+174	+210	+274	+360	+480
0	+13	+23	+37	+51	+71	+91	+124	+146	+178	+214	+258	+335	+445	+585
				+54	+79	+104	+144	+172	+210	+254	+310	+400	+525	+690
0	+15	+27	+43	+63	+92	+122	+170	+202	+248	+300	+365	+470	+620	+800
				+65	+100	+134	+190	+228	+280	+340	+415	+535	+700	+900
				+68	+108	+146	+210	+252	+310	+380	+465	+600	+780	+1000
0	+17	+31	+50	+77	+122	+166	+236	+284	+350	+425	+520	+670	+880	+1150
				+80	+130	+180	+258	+310	+385	+470	+575	+740	+960	+1250
				+84	+140	+196	+284	+340	+425	+520	+640	+820	+1050	+1350
0	+20	+34	+56	+94	+158	+218	+315	+385	+475	+580	+710	+920	+1200	+1550
				+98	+170	+240	+350	+425	+525	+650	+790	+1000	+1300	+1700
0	+21	+37	+62	+108	+190	+268	+390	+475	+590	+730	+900	+1150	+1500	+1900
				+114	+208	+294	+435	+530	+660	+820	+1000	+1300	+1650	+2100
0	+23	+40	+68	+126	+232	+330	+490	+595	+740	+920	+1100	+1450	+1850	+2400
				+132	+252	+360	+540	+660	+820	+1000	+1250	+1600	+2100	+2600
0	+26	+44	+78	+150	+280	+400	+600							
				+155	+310	+450	+660							
0	+30	+50	+88	+175	+340	+500	+740							
				+185	+380	+560	+840							
0	+34	+56	+100	+210	+430	+620	+940							
				+220	+470	+680	+1050							
0	+40	+66	+120	+250	+520	+780	+1150							
				+260	+580	+840	+1300							
0	+48	+78	+140	+300	+640	+960	+1450							
				+330	+720	+1050	+1600							
0	+58	+92	+170	+370	+820	+1200	+1850							
				+400	+920	+1350	+2000							
0	+68	+110	+195	+440	+1000	+1500	+2300							
				+460	+1100	+1650	+2500							
0	+76	+135	+240	+550	+1250	+1900	+2900							
				+580	+1400	+2100	+3200							

表 2.4　孔的基本偏差数值

基本偏差

公称尺寸 mm 大于	至	下偏差 EI 所有标准公差等级 A	B	C	CD	D	E	EF	F	FG	G	H	JS	J IT6	J IT7	J IT8	K ≤IT8	K >IT8	M ≤IT8	M >IT8	N ≤IT8	N >IT8
—	3	+270	+140	+60	+34	+20	+14	+10	+6	+4	+2	0		+2	+4	+6	0	0	−2	−2	−4	−4
3	6	+270	+140	+70	+46	+30	+20	+14	+10	+6	+4	0		+5	+6	+10	−1+Δ		−4+Δ	−4	−8+Δ	0
6	10	+280	+150	+80	+56	+40	+25	+18	+13	+8	+5	0		+5	+8	+12	−1+Δ		−6+Δ	−6	−10+Δ	0
10	14	+290	+150	+95		+50	+32		+16		+6	0		+6	+10	+15	−1+Δ		−7+Δ	−7	−12+Δ	0
14	18	+290	+150	+95		+50	+32		+16		+6	0		+6	+10	+15	−1+Δ		−7+Δ	−7	−12+Δ	0
18	24	+300	+160	+110		+65	+40		+20		+7	0	$偏差 = ±\dfrac{ITn}{2}$，式中 ITn 是 IT 数值	+8	+12	+20	−2+Δ		−8+Δ	−8	−15+Δ	0
24	30	+300	+160	+110		+65	+40		+20		+7	0		+8	+12	+20	−2+Δ		−8+Δ	−8	−15+Δ	0
30	40	+310	+170	+120		+80	+50		+25		+9	0		+10	+14	+24	−2+Δ		−9+Δ	−9	−17+Δ	0
40	50	+320	+180	+130		+80	+50		+25		+9	0		+10	+14	+24	−2+Δ		−9+Δ	−9	−17+Δ	0
50	65	+340	+190	+140		+100	+60		+30		+10	0		+13	+18	+28	−2+Δ		−11+Δ	−11	−20+Δ	0
65	80	+360	+200	+150		+100	+60		+30		+10	0		+13	+18	+28	−2+Δ		−11+Δ	−11	−20+Δ	0
80	100	+380	+220	+170		+120	+72		+36		+12	0		+16	+22	+34	−3+Δ		−13+Δ	−13	−23+Δ	0
100	120	+410	+240	+180		+120	+72		+36		+12	0		+16	+22	+34	−3+Δ		−13+Δ	−13	−23+Δ	0
120	140	+460	+260	+200		+145	+85		+43		+14	0		+18	+26	+41	−3+Δ		−15+Δ	−15	−27+Δ	0
140	160	+520	+280	+210		+145	+85		+43		+14	0		+18	+26	+41	−3+Δ		−15+Δ	−15	−27+Δ	0
160	180	+580	+310	+230		+145	+85		+43		+14	0		+18	+26	+41	−3+Δ		−15+Δ	−15	−27+Δ	0
180	200	+660	+340	+240		+170	+100		+50		+15	0		+22	+30	+47	−4+Δ		−17+Δ	−17	−31+Δ	0
200	225	+740	+380	+260		+170	+100		+50		+15	0		+22	+30	+47	−4+Δ		−17+Δ	−17	−31+Δ	0
225	250	+820	+420	+280		+170	+100		+50		+15	0		+22	+30	+47	−4+Δ		−17+Δ	−17	−31+Δ	0
250	280	+920	+480	+300		+190	+110		+56		+17	0		+25	+36	+55	−4+Δ		−20+Δ	−20	−34+Δ	0
280	315	+1050	+540	+330		+190	+110		+56		+17	0		+25	+36	+55	−4+Δ		−20+Δ	−20	−34+Δ	0
315	355	+1200	+600	+360		+210	+125		+62		+18	0		+29	+39	+60	−4+Δ		−21+Δ	−21	−37+Δ	0
355	400	+1350	+680	+400		+210	+125		+62		+18	0		+29	+39	+60	−4+Δ		−21+Δ	−21	−37+Δ	0
400	450	+1500	+760	+440		+230	+135		+68		+20	0		+33	+43	+66	−5+Δ		−23+Δ	−23	−40+Δ	0
450	500	+1650	+840	+480		+230	+135		+68		+20	0		+33	+43	+66	−5+Δ		−23+Δ	−23	−40+Δ	0
500	560					+260	+145		+76		+22	0					0		−26		−44	
560	630					+260	+145		+76		+22	0					0		−26		−44	
630	710					+290	+160		+80		+24	0					0		−30		−50	
710	800					+290	+160		+80		+24	0					0		−30		−50	
800	900					+320	+170		+86		+26	0					0		−34		−56	
900	1000					+320	+170		+86		+26	0					0		−34		−56	
1000	1120					+350	+195		+98		+28	0					0		−40		−66	
1120	1250					+350	+195		+98		+28	0					0		−40		−66	
1250	1400					+390	+220		+110		+30	0					0		−48		−78	
1400	1600					+390	+220		+110		+30	0					0		−48		−78	
1600	1800					+430	+240		+120		+32	0					0		−58		−92	
1800	2000					+430	+240		+120		+32	0					0		−58		−92	
2000	2240					+480	+260		+130		+34	0					0		−68		−110	
2240	2500					+480	+260		+130		+34	0					0		−68		−110	
2500	2800					+520	+290		+145		+38	0					0		−76		−135	
2800	3150					+520	+290		+145		+38	0					0		−76		−135	

注：1. 公称尺寸小于或等于 1mm 时，基本偏差 A 和 B 及大于 IT8 的 N 均不采用。

2. 公差带 JS7 至 JS11，若 ITn 数值是奇数，则取偏差 $= ±\dfrac{ITn-1}{2}$。

3. 对小于或等于 IT8 的 K、M、N 和小于或等于 IT7 的 P 至 ZC，所需 Δ 值从表内右侧选取。

　　例如：18～30mm 段的 K7：$\Delta = 8\mu m$，所以 $ES = -2+8 = +6\mu m$；18～30mm 段的 S6：$\Delta = 4\mu m$，所以 $ES = -35+4 = -31\mu m$。

4. 特殊情况：250～315mm 段的 M6，$ES = -9\mu m$（代替 $-11\mu m$）。

（摘自 GB/T 1800.1—2009）　　　　　　　　　　　　　　　　（单位：μm）

数值														Δ 值					
	上偏差 ES																		
≤IT7	标准公差等级大于 IT7													标准公差等级					
P 至 ZC	P	R	S	T	U	V	X	Y	Z	ZA	ZB	ZC	IT3	IT4	IT5	IT6	IT7	IT8
在大于IT7的相应数值上增加一个Δ值	−6	−10	−14		−18		−20		−26	−32	−40	−60	0	0	0	0	0	0
	−12	−15	−19		−23		−28		−35	−42	−50	−80	1	1.5	1	3	4	6
	−15	−19	−23		−28		−34		−42	−52	−67	−97	1	1.5	2	3	6	7
	−18	−23	−28		−33		−40		−50	−64	−90	−130	1	2	3	3	7	9
						−39	−45		−60	−77	−108	−150						
	−22	−28	−35		−41	−47	−54	−63	−73	−98	−136	−188	1.5	2	3	4	8	12
				−41	−48	−55	−64	−75	−88	−118	−160	−218						
	−26	−34	−43	−48	−60	−68	−80	−94	−112	−148	−200	−274	1.5	3	4	5	9	14
				−54	−70	−81	−97	−114	−136	−180	−242	−325						
	−32	−41	−53	−66	−87	−102	−122	−144	−172	−226	−300	−405	2	3	5	6	11	16
		−43	−59	−75	−102	−120	−146	−174	−210	−274	−360	−480						
	−37	−51	−71	−91	−124	−146	−178	−214	−258	−335	−445	−585	2	4	5	7	13	19
		−54	−79	−104	−144	−172	−210	−254	−310	−400	−525	−690						
	−43	−63	−92	−122	−170	−202	−248	−300	−365	−470	−620	−800	3	4	6	7	15	23
		−65	−100	−134	−190	−228	−280	−340	−415	−535	−700	−900						
		−68	−108	−146	−210	−252	−310	−380	−465	−600	−780	−1000						
	−50	−77	−122	−166	−236	−284	−350	−425	−520	−670	−880	−1150	3	4	6	9	17	26
		−80	−130	−180	−258	−310	−385	−470	−575	−740	−960	−1250						
		−84	−140	−196	−284	−340	−425	−520	−640	−820	−1050	−1350						
	−56	−94	−158	−218	−315	−385	−475	−580	−710	−920	−1200	−1550	4	4	7	9	20	29
		−98	−170	−240	−350	−425	−525	−650	−790	−1000	−1300	−1700						
	−62	−108	−190	−268	−390	−475	−590	−730	−900	−1150	−1500	−1900	4	5	7	11	21	32
		−114	−208	−294	−435	−530	−660	−820	−1000	−1300	−1650	−2100						
	−68	−126	−232	−330	−490	−595	−740	−920	−1100	−1450	−1850	−2400	5	5	7	13	23	34
		−132	−252	−360	−540	−660	−820	−1000	−1250	−1600	−2100	−2600						
	−78	−150	−280	−400	−600													
		−155	−310	−450	−660													
	−88	−175	−340	−500	−740													
		−185	−380	−560	−840													
	−100	−210	−430	−620	−940													
		−220	−470	−680	−1050													
	−120	−250	−520	−780	−1150													
		−260	−580	−840	−1300													
	−140	−300	−640	−960	−1450													
		−330	−720	−1050	−1600													
	−170	−370	−820	−1200	−1850													
		−400	−920	−1350	−2000													
	−195	−440	−1000	−1500	−2300													
		−460	−1100	−1650	−2500													
	−240	−550	−1250	−1900	−2900													
		−580	−1400	−2100	−3200													

偏差与轴的基本偏差相对于零线是完全对称的，如图 2.16 所示。所以，同一字母的孔与轴的基本偏差对应时，孔和轴的基本偏差的绝对值相等，而符号相反，即

$$EI = -\,es \text{ 或 } ES = -\,ei$$

上述规则适用除下列情况外的所有孔的基本偏差：

公称尺寸 $>3\sim500\text{mm}$，标准公差等级 $\leqslant$ IT8 的 K-N 和标准公差等级 $\leqslant$ IT7 的 P-ZC，孔和轴的基本偏差的符号相反，而绝对值相差一个 Δ 值，即

$$\begin{cases} ES = ei + \Delta \\ \Delta = ITn - IT(n-1)(\text{n 指待求孔的公差等级}) \end{cases} \tag{2-15}$$

当孔的基本偏差确定后，孔的另一个极限偏差可根据下列公式计算，即

$$ES = EI + T_h \text{ 或 } EI = ES - T_h \tag{2-16}$$

【例 2.3】 查表确定下列各尺寸的公差带代号

(1) $\phi18_{-0.011}^{\ 0}$（轴）   (2) $\phi120_{\ 0}^{+0.087}$（孔）

(3) $\phi50_{-0.075}^{-0.050}$（轴）   (4) $\phi65_{-0.041}^{+0.005}$（孔）

解 (1) 基本偏差 es＝0   基本偏差代号为 h，

$$Ts = es - ei = 0 - (-0.011) = 0.011\text{mm} = 11\mu\text{m}$$

查表 2.2 得：公差等级为 IT6，故公差带代号为 h6。

(2) 基本偏差 EI＝0   基本偏差代号为 H，

$$Th = ES - EI = +0.087 - 0 = 0.087\text{mm} = 87\mu\text{m}$$

查表 2.2 得：公差等级为 IT9，故公差带代号为 H9。

(3) 基本偏差 es＝－0.050   查表 2.4 得基本偏差代号为 e，

$$Ts = es - ei = -0.050 - (-0.075) = 0.025\text{mm} = 25\mu\text{m}$$

查表 2.2 得：公差等级为 IT7，故公差带代号为 e7。

(4) 基本偏差 ES＝＋0.005   查表 2.4 得基本偏差代号为 M，

$$Th = ES - EI = +0.005 - (-0.041) = 0.046\text{mm} = 46\mu\text{m}$$

查表 2.2 得：公差等级为 IT8，故公差带代号为 M8。

3. 极限与配合在图样上的标注

零件图上，一般有 3 种标注方法，如图 2.17 所示。

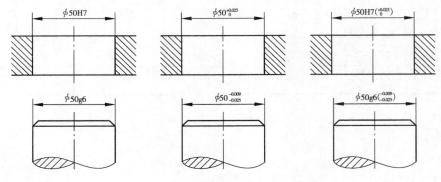

图 2.17 孔、轴公差带在零件图上的标注

1）在公称尺寸后标注所要求的公差带，如：$\phi 50 H7$，$\phi 50 g6$。

2）在公称尺寸后标注所要求的公差带对应的偏差值，如：$\phi 50^{+0.025}_{0}$。

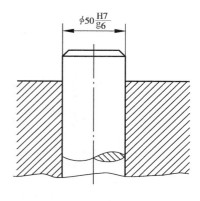

3）在公称尺寸后标注所要求的公差带和对应的偏差值，如 $\phi 50 H7(^{+0.025}_{0})$，$\phi 50 g6(^{-0.009}_{-0.025})$。

装配图上，在公称尺寸后标注配合公差，如图 2.18 所示。国标规定孔、轴公差带写成分数形式，分子为孔公差带分母为轴公差带，如 $\phi 50 H7/g6$ 或 $\phi 50 \dfrac{H7}{g6}$。

图 2.18　孔、轴公差带
在装配图上的标注

4. 一般、常用和优先的公差带与配合

国标规定的 20 个公差等级的标准公差和 28 个基本偏差可组合成 543 个孔公差带和 544 个轴公差带。这么多公差带可相互组成近 30 万种配合。实际上不需要这么多种配合。因此，为了简化统一，以利于互换，并尽可能减少定值刀具、量具的品种和规格，GB/T 1801—2009 对尺寸至 500mm 的孔、轴规定了一般、常用和优先公差带，如图 2.19 和图 2.20 所示。

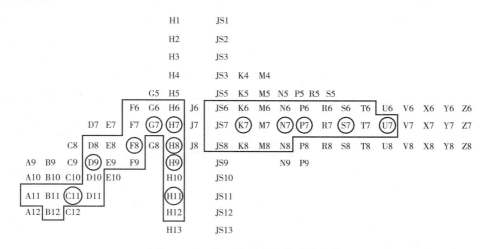

图 2.19　一般、常用和优先孔公差带

图 2.19 中，列出了 105 种孔的一般公差带，方框内为 44 种常用公差带，圆圈内为 13 种优先公差带。

图 2.20 中，列出了 116 种轴的一般公差带，方框内为 59 种常用公差带，圆圈内为 13 种优先公差带。

在此基础上，标准又规定了基孔制常用配合 59 种，优先配合 13 种，见表 2.5；基轴制常用配合 47 种，优先配合 13 种，见表 2.6。

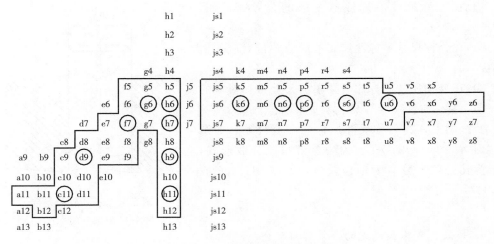

图 2.20　一般、常用和优先轴公差带

选用公差带或配合时，应按优先、常用、一般公差带的顺序选取。

对于某些特殊需要，标准允许采用两种基准制以外的非基准制配合，如 M8/f7、G8/n7 等。

表 2.5　基孔制优先、常用配合

基准孔	轴																				
	a	b	c	d	e	f	g	h	js	k	m	n	p	r	s	t	u	v	x	y	z
	间隙配合								过渡配合			过盈配合									
H6					$\frac{H6}{e5}$	$\frac{H6}{f5}$	$\frac{H6}{g5}$	$\frac{H6}{h5}$	$\frac{H6}{js5}$	$\frac{H6}{k5}$	$\frac{H6}{m5}$	$\frac{H6}{n5}$	$\frac{H6}{p5}$	$\frac{H6}{r5}$	$\frac{H6}{s5}$	$\frac{H6}{t5}$					
H7						$\frac{H7}{f6}$	$\frac{H7}{g6}$	$\frac{H7}{h6}$	$\frac{H7}{js6}$	$\frac{H7}{k6}$	$\frac{H7}{m6}$	$\frac{H7}{n6}$	$\frac{H7}{p6}$	$\frac{H7}{r6}$	$\frac{H7}{s6}$	$\frac{H7}{t6}$	$\frac{H7}{u6}$	$\frac{H7}{v6}$	$\frac{H7}{x6}$	$\frac{H7}{y6}$	$\frac{H7}{z6}$
H8					$\frac{H8}{e7}$	$\frac{H8}{f7}$	$\frac{H8}{g7}$	$\frac{H8}{h7}$	$\frac{H8}{js7}$	$\frac{H8}{k7}$	$\frac{H8}{m7}$	$\frac{H8}{n7}$	$\frac{H8}{p7}$	$\frac{H8}{r7}$	$\frac{H8}{s7}$	$\frac{H8}{t7}$	$\frac{H8}{u7}$				
				$\frac{H8}{d8}$	$\frac{H8}{e8}$	$\frac{H8}{f8}$		$\frac{H8}{h8}$													
H9			$\frac{H9}{c9}$	$\frac{H9}{d9}$	$\frac{H9}{e9}$	$\frac{H9}{f9}$		$\frac{H9}{h9}$													
H10			$\frac{H10}{c10}$	$\frac{H10}{d10}$				$\frac{H10}{h10}$													
H11	$\frac{H11}{a11}$	$\frac{H11}{b11}$	$\frac{H11}{c11}$	$\frac{H11}{d11}$				$\frac{H11}{h11}$													
H12		$\frac{H12}{b12}$						$\frac{H12}{h12}$													

注：1. H6/n5，H7/p6 在公称尺寸小于或等于 3mm 和 H8/t7 在小于或等于 100mm 时，为过渡配合。

2. 用黑三角标示的配合为优先配合。

表 2.6　基轴制优先、常用配合

基准孔	孔																				
	A	B	C	D	E	F	G	H	JS	K	M	N	P	R	S	T	U	V	X	Y	Z
	间隙配合								过渡配合				过盈配合								
h6						$\frac{F6}{h5}$	$\frac{G6}{h5}$	$\frac{H6}{h5}$	$\frac{JS6}{h5}$	$\frac{K6}{h5}$	$\frac{M6}{h5}$	$\frac{N6}{h5}$	$\frac{P6}{h5}$	$\frac{R6}{h5}$	$\frac{S6}{h5}$	$\frac{T6}{h5}$					
h6						$\frac{F7}{h6}$	$\frac{G7}{h6}$	$\frac{H7}{h6}$	$\frac{JS7}{h6}$	$\frac{K7}{h6}$	$\frac{M7}{h6}$	$\frac{N7}{h6}$	$\frac{P7}{h6}$	$\frac{R7}{h6}$	$\frac{S7}{h6}$	$\frac{T7}{h6}$	$\frac{U7}{h6}$				
h7					$\frac{E8}{h7}$	$\frac{F8}{h7}$		$\frac{H8}{h7}$	$\frac{JS8}{h7}$	$\frac{K8}{h7}$	$\frac{M8}{h7}$	$\frac{N8}{h7}$									
h8				$\frac{D8}{h8}$	$\frac{E8}{h8}$	$\frac{F8}{h8}$		$\frac{H8}{h8}$													
h9				$\frac{D9}{h9}$	$\frac{E9}{h9}$	$\frac{F9}{h9}$		$\frac{H9}{h9}$													
h10				$\frac{D10}{h10}$				$\frac{H10}{h10}$													
h11	$\frac{A11}{h11}$	$\frac{B11}{h11}$	$\frac{C11}{h11}$	$\frac{D11}{h11}$				$\frac{H11}{h11}$													
h12		$\frac{B12}{h12}$						$\frac{H12}{h12}$													

注：用黑三角标示的配合为优先配合。

5. 一般公差、线性尺寸的未注公差

线性尺寸的一般公差是指在车间普通工艺条件下，机床设备一般加工能力可保证的公差。在正常维护和操作情况下，它代表经济加工精度。一般公差主要用于较低精度的非配合尺寸，其极限偏差取值采用对称分布的公差带，使用方便。一般尺寸标注时，不需标出极限偏差。

国家标准《一般公差未注公差的线性和角度尺寸的公差》（GB/T 1804—2000）对线性尺寸的一般公差规定了 4 个公差等级即：f（精密级）、m（中等级）、c（粗糙级）和 v（最粗级）。对尺寸也采用了大的尺寸分段。f、m、c、v 四个等级分别相当于 IT12、IT14、IT16、IT17。线性尺寸的未注极限偏差数值见表 2.7。

表 2.7　线性尺寸的未注极限偏差数值（摘自 GB/T 1804—2000）

公差等级	尺寸分段							
	0.5～3	>3～6	>6～30	>30～120	>120～400	>400～1000	>1000～2000	>2000～4000
f（精密级）	±0.05	±0.05	±0.1	±0.15	±0.2	±0.3	±0.5	—
m（中等级）	±0.1	±0.1	±0.2	±0.3	±0.5	±0.8	±1.2	±2
c（粗糙级）	±0.2	±0.3	±0.5	±0.8	±1.2	±2	±3	±4
v（最粗级）	—	±0.5	±1	±1.5	±2.5	±4	±6	±8

采用一般公差的尺寸，在图样上只注公称尺寸，不注极限偏差，而是在图样上或技术文件中用国标号和公差等级代号并在两者之间用一短划线隔开表示。例如，选用 m（中等级）时，则表示为：GB/T 1804-m。这表明图样上凡未注公差的线性尺寸（包含倒圆半径与倒角高度）均按 m（中等级）加工和检验。

2.1.3 极限与配合的选择

极限与配合的选择是机械设计和制造中非常重要的一环，是一项既重要又困难的工作，对产品的使用性能和制造成本将产生直接影响。极限与配合的选择主要包括：基准制、公差等级和配合种类等三个方面的选择。选择原则是既要保证机械产品的性能优良，同时又要兼顾制造上的经济可行。

1. 基准制的选择

基准制的选择主要是从经济方面考虑，同时兼顾到功能、结构、工艺条件和其他方面的要求。

（1）一般情况下配合制的选择

一般优先选择基孔制。通常孔加工比轴加工要困难些，采用基孔制可以减少定值刀具、量具的规格和数量，有利于刀具、量具的标准化、系列化，因而经济合理，使用方便。

（2）宜选用基轴制的场合

但在有些情况下，由于结构和原材料等原因，选择基轴制配合更适宜。基轴制一般用于以下情况：

1）由冷拉棒材制造的零件，其配合表面不经切削加工。

2）同一根轴（公称尺寸相同）与几个零件孔配合，且有不同配合性质。

图 2.21 所示活塞连杆机构中，活塞销同时与连杆孔和支撑孔相配合，连杆要转动，故采用间隙配合（H6/h5），而与支撑孔的配合要求紧些，故采用过渡配合（M6/h5）。如采用基孔制，则如图 2.21（b）所示，活塞销需做成中间小，两头大的阶梯形，这种形状的活塞销加工不方便，同时装配也困难，易拉毛连杆孔。反之，采用基轴制如图 2.21（c）所示，则活塞销可尺寸不变，制成光轴，而连杆孔、支撑孔分别按不同要求加工，较为经济合理且便于装配。

（3）与标准件配合时配合制的选择

与标准件相配合的孔和轴，应以标准件为基准件来选择基准制。例如：与滚动轴承配合时，因滚动轴承是标准件，所以滚动轴承内圈与轴颈的配合是基孔制配合，滚动轴承外圈与机座孔的配合是基轴制配合。

（4）采用非配合制配合的场合

此外，为了满足配合的特殊需要，允许采用任一孔、轴公差带组成的非基准制配合。

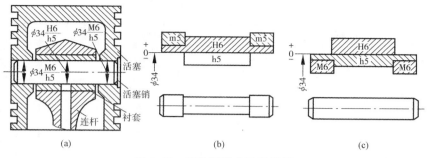

图 2.21 基轴制配合选择示例

2. 公差等级的选择

选择公差等级的原则是，在满足使用要求的前提下，尽可能选择较大的公差等级。为了保证配合精度，对配合尺寸选取适当的公差等级是极为重要的。因为在很多情况下，它将决定配合零件的工作性能、使用寿命及可靠性，同时又决定零件的制造成本和生产效率。

表 2.8 列出了 20 个公差等级的大致应用范围，可供用类比法选择公差等级时参考。

表 2.8　公差等级的应用

应用＼公差等级	01	0	1	2	3	4	5	6	7	8	9	10	11	12	13	14	15	16	17	18
量块																				
量规																				
配合尺寸																				
特别精密零件																				
非配合尺寸																				
原材料																				

确定公差等级时，还应考虑工艺上的可能性。表 2.9 是在正常条件下，公差等级和加工方法的大致关系，表 2.10 为各公差等级的应用条件及举例，可供参考。

表 2.9　各种加工方法的合理加工精度

加工方法＼公差等级	01	0	1	2	3	4	5	6	7	8	9	10	11	12	13	14	15	16	17	18
研磨																				
珩磨																				
圆磨																				
平磨																				

续表

公差等级＼加工方法	01	0	1	2	3	4	5	6	7	8	9	10	11	12	13	14	15	16	17	18
金刚石车							━	━	━											
金刚石镗							━	━	━											
拉削							━	━	━	━										
铰孔								━	━	━	━									
精车精镗									━	━	━									
粗车												━	━	━						
粗镗												━	━	━						
铣										━	━	━	━							
刨、插												━	━	━						
钻削												━	━	━						
冲压												━	━	━						
滚压、挤压												━	━	━						
锻造																	━	━		
砂型铸造																━	━	━		
金属型铸造																━	━			
气割																	━	━	━	━

表 2.10 常用配合尺寸 5～12 级的应用

公差等级	应 用
5 级	主要用在配合公差、形状公差要求甚小的地方，它的配合性质稳定，一般在机床、发动机、仪表等重要部位应用。如与 5 级滚动轴承配合的箱体孔；与 6 级滚动轴承配合的机床主轴、机床尾座与套筒、精密机械及高速机械中轴径、精密丝杠轴径等
6 级	配合性质能达到较高的均匀性，如与 6 级滚动轴承相配合的孔、轴径；与齿轮、蜗轮、联轴器、带轮、凸轮等连接的轴径；机床丝杠轴径；摇臂钻立柱；机床夹具中导向件外径尺寸；6 级精度齿轮的基准孔，7、8 级精度齿轮基准轴径
7 级	7 级精度比 6 级稍低，应用条件与 6 级基本相似，在一般机械制造中应用较为普遍。如联轴器、带轮、凸轮等的孔径；机床夹盘座孔；夹具中固定钻套、可换钻套；7、8 级齿轮基准孔，9、10 级齿轮基准轴
8 级	在机器制造中属于中等精度。如轴承座衬套沿宽度方向尺寸，9 至 12 级齿轮基准孔；11 至 12 级齿轮基准轴
9 级、10 级	主要用于机械制造中轴套外径与孔，操纵件与轴，空轴带轮与轴，单键与花键
11 级、12 级	配合精度很低，装配后可能产生很大间隙，适用于基本上没有什么配合要求的场合。如机床上法兰盘与止口，滑块与滑移齿轮，加工中工序间的尺寸，冲压加工的配合件，机床制造中的扳手孔与扳手座的连接

用类比法选择公差等级时，还应考虑以下问题：

（1）孔和轴的工艺等价

孔和轴的工艺等价即孔、轴加工难易程度应相同。对间隙配合和过渡配合，孔的标准公差等级高于或等于 IT8 时，孔的公差等级应比轴低一级，而孔的标准公差等级低于 IT8 时，孔和轴的公差等级应取同一级。对过盈配合，孔的标准公差等级高于或等于 IT7 时，孔的公差等级应比轴低一级，而孔的标准公差等级低于 IT7 时，孔和轴的公差等级应取同一级。

（2）相关件和相配合件的精度要求

例如，与齿轮孔配合的轴的公差等级，应与齿轮的精度等级相当；与滚动轴承配合的轴颈和壳体孔的公差等级，应与滚动轴承的精度等级相当。

（3）加工成本

随着公差等级的提高，加工误差减小，加工成本也随之提高。公差等级与生产成本的关系如图 2.22 所示。在低精度区，精度提高成本增加不多，而高精度区，精度略微提高，成本将急剧增加。因此，选用高精度等级时应特别慎重。

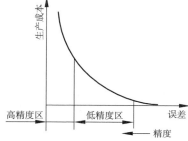

图 2.22 公差与生产成本的关系

3. 配合的选择

选择配合主要是为了解决结合零件孔与轴在工作时的相互关系，即根据使用要求确定允许的间隙或过盈的变化范围，并由此确定孔和轴的公差带，以保证机器正常工作。

公差等级和基准制确定后，配合的选择主要是确定非基准轴和非基准孔公差带的位置，即选择非基准件基本偏差代号。

选择配合的步骤可分为：配合类别的选择和非基准件基本偏差代号的选择。

（1）配合类别的选择

对孔、轴配合的使用要求，一般有三种情况：装配后有相对运动要求的，应选用间隙配合；装配后需要靠过盈传递载荷的，应选用过盈配合；装配后有定位精度要求或需要拆卸的，应选用过渡配合或小间隙、小过盈的配合。

确定配合类别后，应尽可能地选用优先配合，其次是常用配合。如不能满足要求，可以组成任意配合。

（2）非基准件基本偏差代号的选择

选择方法有三种：计算法、试验法和类比法。

1）计算法。根据零件的材料、结构和功能要求，按照一定的理论公式的计算结果选择配合。当用计算法选择配合时，关键是确定所需要的极限间隙或极限过盈量。按计算法选取比较科学。

2）试验法。通过模拟试验和分析选择最佳配合。按试验法选取配合最为可靠，但成本较高，一般只用于特别重要的、关键性配合的选取。

3）类比法。参照同类型机器或机构中，经过实践验证配合的实际情况，通过分析对比来确定配合的方法。表 2.11 所示为尺寸至 500mm 基孔制常用和优先配合的特征及应用场合。

表 2.11　尺寸至 500mm 基孔制常用和优先配合的特征及应用场合

配合类别	配合特征	配合代号	应　用
间隙配合	特大间隙	$\dfrac{H11}{a11}$ $\dfrac{H11}{b11}$ $\dfrac{H12}{b12}$	用于高温或工作时要求大间隙的配合
	很大间隙	$\left(\dfrac{H11}{c11}\right)$ $\dfrac{H11}{d11}$	用于工作条件较差、受力变形或为了便于装配而需要大间隙的配合和高温工作的配合
	较大间隙	$\dfrac{H9}{c9}$ $\dfrac{H10}{c10}$ $\dfrac{H8}{d8}$ $\left(\dfrac{H9}{d9}\right)$ $\dfrac{H10}{d10}$ $\dfrac{H8}{e7}$ $\dfrac{H8}{e8}$ $\dfrac{H9}{e9}$ $\left(\dfrac{H11}{h11}\right)$ $\dfrac{H12}{h12}$	用于高速重载的滑动轴承或大直径的滑动轴承，也可用于大跨距或多支点支承的配合
	一般间隙	$\dfrac{H6}{f5}$ $\dfrac{H7}{f6}$ $\left(\dfrac{H8}{f7}\right)$ $\dfrac{H8}{f8}$ $\dfrac{H9}{f9}$	用于一般转速的动配合。当温度影响不大时，广泛应用于普通润滑油润滑的支承处
	较小间隙	$\left(\dfrac{H7}{g6}\right)$ $\dfrac{H8}{g7}$	用于精密滑动零件或缓慢间歇回转的零件的配合部位
	很小间隙和零间隙	$\dfrac{H6}{g5}$ $\dfrac{H6}{h5}$ $\left(\dfrac{H7}{h6}\right)$ $\left(\dfrac{H8}{h7}\right)$ $\dfrac{H8}{h8}$ $\left(\dfrac{H9}{h9}\right)$ $\dfrac{H10}{h10}$	用于不同精度要求的一般定位件的配合和缓慢移动和摆动零件的配合
过渡配合	绝大部分有微小间隙	$\dfrac{H6}{js5}$ $\dfrac{H7}{js6}$ $\dfrac{H8}{js7}$	用于易于装拆的定位配合或加紧固件后可传递一定静载荷的配合
	大部分有微小间隙	$\dfrac{H6}{k5}$ $\left(\dfrac{H7}{k6}\right)$ $\dfrac{H8}{k7}$	用于稍有振动的定位配合。加紧固件可传递一定载荷，装拆方便可用木锤敲入
	大部分有微小过盈	$\dfrac{H6}{m5}$ $\dfrac{H7}{m6}$ $\dfrac{H8}{m7}$	用于定位精度较高且能抗振的定位配合。加键可传递较大载荷。可用铜锤敲入或小压力压入
	绝大部分有微小过盈	$\left(\dfrac{H7}{n6}\right)$ $\dfrac{H8}{n7}$	用于精确定位或紧密组合件的配合。加键能传递大力矩或冲击性载荷。只在大修时拆卸
	绝大部分有较小过盈	$\dfrac{H8}{p7}$	加键后能传递很大力矩，且承受振动和冲击的配合，装配后不再拆卸
过盈配合	轻型	$\dfrac{H6}{n5}$ $\dfrac{H6}{p5}$ $\left(\dfrac{H7}{p6}\right)$ $\dfrac{H6}{r5}$ $\dfrac{H7}{r6}$ $\dfrac{H8}{r7}$	用于精确的定位配合。一般不能靠过盈传递力矩。要传递力矩尚需加紧固件
	中型	$\dfrac{H6}{s5}$ $\left(\dfrac{H7}{s6}\right)$ $\dfrac{H8}{s7}$ $\dfrac{H6}{t5}$ $\dfrac{H7}{t6}$ $\dfrac{H8}{t7}$	不需加紧固件就可传递较小力矩和轴向力加紧固件后可承受较大载荷或载荷的配合
	重型	$\left(\dfrac{H7}{u6}\right)$ $\dfrac{H8}{u7}$ $\dfrac{H7}{v6}$	不需加紧固件就可传递和承受大的力矩和动载荷的配合。要求零件材料有高强度
	特重型	$\dfrac{H7}{x6}$ $\dfrac{H7}{y6}$ $\dfrac{H7}{z6}$	能传递和承受很大力矩和动载荷的配合，需经试验后方可应用

注：1. 括号内的配合为优先配合。

　　2. 国家标准规定的 44 种基轴制配合的应用与本表中的同名配合相同。

（3）各类配合的特性与应用

公差等级确定后，若采用基孔制，则选择配合的关键是确定轴的基本偏差代号；若采用基轴制，则选择配合的关键是确定孔的基本偏差代号。因此，各类配合的特性与应用，可根据基本偏差来反映。表 2.12 列出了基孔制中轴的基本偏差的特性及其应用，供选用时参考。

表 2.12　基孔制中轴的基本偏差的特性及其应用

基本偏差	a，b，c	d，e，f	g	h
特性及应用说明	可以得到很大的间隙。适用于高温下工作的间隙配合及工作条件较差，受力变形大，或为了便于装配的松弛的大间隙配合	可以得到较大的间隙。适用于松的间隙配合和一般的转动配合	可以得到的间隙很小，制造成本高，除很轻负荷的精密装置外，不推荐用于转动的配合	广泛用于无相对转动与作为一般定位配合的零件，若没有温度变形的影响也用于精密的滑动配合
应用举例	柴油机气门与导管的配合 $\dfrac{H7}{n6}$　$\dfrac{H7}{c6}$　$\dfrac{H6}{t5}$	高精度齿轮衬套与轴承套的配合 间隙　$\dfrac{H6}{n5}$　$\dfrac{H7}{f7}$	钻夹具中钻套和衬套的配合；钻头与钻套之间的配合 钻套　衬套　钻模板　$G7$　$\dfrac{H7}{g6}$　$\dfrac{H7}{n6}$	尾座套筒与尾座体之间的配合 $\phi 60\dfrac{H6}{h5}$

<table>
<tr><td colspan="5" align="center">过渡配合</td></tr>
<tr><td>基本偏差</td><td>js</td><td>k</td><td>m</td><td>n</td></tr>
<tr><td>特性及应用说明</td><td>偏差完全对称，平均间隙较小，且略有过盈的配合，一般用于易于装卸的精密零件的定位配合</td><td>平均间隙接近零的配合。用于稍有过盈的定位配合</td><td>平均过盈较小的配合。组成的配合定位好，用于不允许游动的精密定位</td><td>平均过盈比 m 稍大，很少得到间隙。用于定位要求较高且不常拆的配合</td></tr>
<tr><td>应用举例</td><td>与滚动轴承内、外圈的配合

隔套　K7　js6
$\dfrac{D10}{js6}$　$\dfrac{K7}{d11}$</td><td>与滚动轴承内、外圈的配合

k6　J7</td><td>齿轮与轴的配合

$\dfrac{H7}{n6}\left(\dfrac{H7}{m6}\right)$</td><td>爪形离合器的配合
固定爪　移动爪

$\dfrac{H7}{n6}$　$\dfrac{H8}{h8}$　$\left(\dfrac{H9}{h9}\right)$</td></tr>
</table>

	过盈配合			
基本偏差	p	f	s	t, u, v, x, y, z
特性及应用说明	对钢、铁或铜钢组件装配时为标准压入配合。对非铁类零件为轻的压入配合	对铁类零件为中等打入配合，对非铁类零件为轻打入配合，必要时可以拆卸	用于钢和铁制零件的永久性和半永久性装配，可产生相当大的结合力。尺寸较大时，为了避免损坏配合表面，需用热胀法或冷缩法装配	过盈配合依次增大，一般不采用
应用举例	对开轴瓦与轴承座孔的配合 	蜗轮与轴的配合 	曲柄销与曲拐的配合 	联轴器与轴的配合

【例 2.4】 某配合的公称尺寸为 40mm，要求间隙在 0.022～0.066mm 之间，试确定孔和轴的公差等级和配合种类。

解 （1）选择基准制

因为没有特殊要求，所以选用基孔制配合，基孔制配合 EI＝0。

（2）选择孔、轴公差等级

由 $T_f＝T_h＋T_s＝|X_{max}-X_{min}|$，根据使用要求，配合公差 $T'_f＝|X'_{max}-X'_{min}|＝|0.066-0.022|$ mm＝0.044mm＝44μm，即所选孔、轴公差之和 $T_h＋T_s$ 应最接近 T'_f 而不大于 T'_f。

查表 2.2 得：孔和轴的公差等级介于 IT6 和 IT7 之间，因为 IT6 和 IT7 属于高的公差等级。所以一般取孔比轴低一级，故选孔为 IT7，$T_h＝25\mu$m；轴为 IT6，$T_s＝16\mu$m，则配合公差 $T_f＝T_h＋T_s＝25\mu$m＋16μm＝41μm，小于且最接近于 T'_f，因此满足使用要求。

（3）确定孔、轴公差带代号

因为是基孔制配合，且孔的标准公差为 IT7，所以孔的公差带为 ϕ40H7 （$^{+0.025}_{0}$）。

又因为是间隙配合，$X_{min}＝EI-es＝0-es＝-es$，由

已知条件知 $X'_{min}＝+22\mu$m，即轴的基本偏差 es 应最接近于 -22μm。

查表 2.3，取轴的基本偏差为 f，es＝-25μm，则 ei＝es-IT6＝（$-25-16$）μm＝41μm，所以轴的公差带为 ϕ40f6 （$^{-0.025}_{-0.041}$）。

（4）验算设计结果

以上所选孔、轴公差带组成的配合为 ϕ40H7/f6，其最大间隙 $X_{max}＝[+25-(-41)]\mu$m

$=+66\mu m=+0.066mm=X'_{max}$，最小间隙 $X_{min}=[0-(-25)]\mu m=+25\mu m=+0.025mm>$
X'_{min}，故间隙在 $0.022\sim0.066mm$ 之间，设计结果满足使用要求。

由以上分析可知，本例所选的配合 $\phi40H7/f6$ 是适宜的。其中孔为 $\phi40H7$ $(^{+0.025}_{0})$，
轴为 $\phi40f6$ $(^{-0.025}_{-0.041})$，公差带如图 2.23 所示。

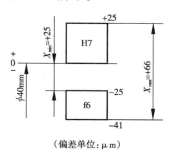

（偏差单位：μm）

图 2.23 公差带图

2.2 项目实施：孔与轴公差配合的计算与选择

2.2.1 公差配合的计算

根据图 2.2、2.3 中的尺寸标注，画出尺寸公差带示意图，分析这三组尺寸的间隙、过渡、过盈配合关系，计算间隙或过盈量及配合公差。

图 2.2、2.3 中有三对相互配合的孔和轴：$\phi16G7/h6$ 为间隙配合；$\phi16M7/h6$ 为过渡配合；$\phi25H7/s6$ 为过盈配合。$\phi16$、$\phi25$ 代表公称尺寸，分子 G7、M7、H7 代表配合孔的公差带，分母 h6、s6 代表配合轴的公差带，公差带代号由数字和字母组成，其中数字 7、6 代表公差等级，G、M、H 代表孔的基本偏差，h、s 代表轴的基本偏差（基本偏差是指构成公差带的两个极限偏差中离公称尺寸较近的那个偏差）。

填写表 2.13 前，一般先查表并画出公差带图，用公差带图来表达孔与轴的公称尺寸、上下偏差、公差的相互关系。公差值可查表 2.2 得到．轴的基本偏差查 2.3，孔基本偏差查表 2.4。

表 2.13 配合尺寸的查表、计算结果

配合	公称尺寸	公差等级（孔/轴）	基本偏差代号（孔/轴）	孔（ES/EI）	轴（ES/EI）	配合性质	X_{max} 或 Y_{min}	X_{min} 或 Y_{max}	配合公差 T_f
$\phi16G7/h6$	16	7/6	G/h	0.024/0.006	0/−0.011	间隙	0.035	0.006	0.029
$\phi16M7/h6$	16	7/6	M/h	0/−0.018	0/−0.011	过渡	0.011	−0.018	0.029
$\phi25H7/s6$	25	7/6	H/s	0.021/0	0.048/0.035	过盈	−0.014	−0.048	0.034

在公差带图上，用一条直线代表公称尺寸，用代表上、下极限偏差的两条直线间

的区域代表公差，称为公差带；$\phi16G7/h6$、$\phi16M7/h6$、$\phi25H7/s6$ 对应公差带图如图 2.24 所示。

有关计算公式：$Ts=es-ei$；$Th=ES-EI$；$Tf=Ts+Th$。最终结果填入表 2.13。

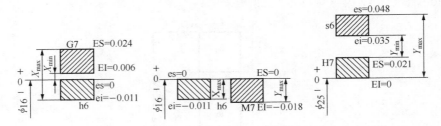

图 2.24　$\phi16G7/h6$、$\phi16M7/h6$、$\phi25H7/s6$ 的公差带图

2.2.2 公差配合的选择

图 2.25 中快换钻套引导钻头的内孔选用 $\phi10F7$，快换钻套的外径和衬套的配合选用 $\phi15F7/k6$，如下分析其合理性。

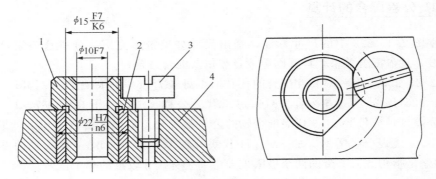

图 2.25　钻模上的快换钻套
1—快换钻套；2—衬套；3—钻套螺钉；4—钻模块

$\phi10mm$ 钻头本身直径公差带相当于基准轴，可视为标准件。快换钻套工作时是引导旋转钻头进给的，既要保证一定的导向精度，又要防止间隙过小而被卡住，故内孔选用 F7。

快换钻套由于需要经常更换，所以外径和衬套的配合既有准确定心的要求，又需要一定间隙保证更换快速，选用 H7/g6 类配合是合适的。夹具标准考虑到统一钻套和衬套内孔公差带均选用 F7 以方便制造。所以，选用相当于 H7/g6 类配合的 F7/k6。对比分析图 2.26 公差带图，可见两者的极限间隙基本相同。

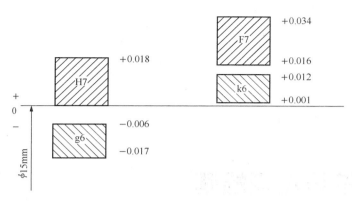

图 2.26 钻模上的快换钻套配合公差带图

思考与练习

2.1 公称尺寸、极限尺寸和提取要素局部尺寸有何区别与联系？

2.2 尺寸公差、极限偏差和实际偏差有何区别与联系？

2.3 什么叫标准公差和基本偏差？它们与公差带有何关系？

2.4 配合分哪几类？各类配合中孔和轴公差带的相对位置有何特点？

2.5 什么是基孔制配合与基轴制配合？为什么要规定基准制？广泛采用基孔制配合的原因何在？在什么情况下采用基轴制配合？

2.6 查表和计算下列孔与轴配合的极限间隙或极限过盈以及配合公差，画出孔、轴公差带示意图，并说明基准制和配合性质。

①$\phi 12H7/r6$；②$\phi 80H8/7$；③$\phi 45F9/h9$；④$\phi 75JS7/h6$；⑤$\phi 20P7/h6$；⑥$\phi 50M8/h7$。

2.7 试查用标准公差表、基本偏差数值表确定下列孔、轴的公差带代号。

①轴 $\phi 40_{-0.016}^{\ 0}$ mm；②轴 $\phi 18_{+0.028}^{+0.046}$ mm；③孔 $\phi 60_{-0.054}^{-0.035}$ mm；④孔 $\phi 40_{-0.034}^{-0.005}$ mm。

2.8 在某配合中，已知孔的尺寸标注为 $\phi 20_{0}^{+0.013}$，$X_{\max}=+0.11$，$T_{f}=0.022$，求出轴的上、下偏差及其公差带代号。

2.9 根据下表给出的数据求空格中应有的数据，并填入空格内。

| 公称 | 孔 | | | 轴 | | | $X_{\max}$ 或 | $X_{\min}$ 或 | X_{av} 或 | T_f |
尺寸	ES	EI	Th	es	ei	Ts	$Y_{\max}$	$Y_{\min}$	Y_{av}	
$\phi 25$		0		−0.040		0.021	+0.074	+0.040	+0.057	0.034
$\phi 14$		0		+0.012		0.010	+0.017	−0.012	+0.0025	0.029
$\phi 45$			0.025	0			−0.009	−0.050	−0.0295	0.041

2.10 公称尺寸为 $\phi 50$ mm 的基准孔和基准轴相配合，孔、轴的公差等级相同，配合公差 $T_{f}=78\mu m$，试确定孔、轴的极限偏差，并写成标注形式。

2.11 设有一公称尺寸为 $\phi 110$ 的配合，经计算，为保证连接可靠，其过盈不得小于 $40\mu m$；为保证装配后不发生塑性变形，其过盈不得大于 $110\mu m$。若已决定采用基轴制，试确定此配合的孔、轴公差带代号，并画出公差带图。

项目 3
几何公差标注及检测

知识目标

1. 了解几何误差和几何公差的基本概念。

2. 了解几何公差的国家标准。

3. 掌握几何公差的公差带定义及标注。

4. 掌握公差原则及应用。

5. 了解几何公差的选择方法。

6. 了解几何误差的检测原则。

技能目标：

1. 能分析几何误差的产生原因及对零件使用性能的影响。

2. 能分析几何公差带形状、特点及其限定误差的作用。

3. 能根据零件的技术要求，选择几何公差基准要素和公差等级。

4. 能根据零件的技术要求，选择几何公差的种类，并会在图样
   上标注。

5. 掌握常用几何误差的评定和检测方法。

由于存在加工误差，使零件的几何量不仅存在尺寸误差，还会存在几何误差。零件的几何误差将对机器的精度、结合强度、密封性、工作平稳性、使用寿命等产生不良影响。因此，为了提高机械产品质量和保证零件的互换性，不仅应对零件的尺寸误差进行控制，还应对零件的几何误差加以控制，将几何误差控制在一个经济、合理的范围内。这一允许几何误差变动的范围，称为几何公差。几何公差是零件技术要求中的主要内容之一。

图 3.1 所示为减速器的输出轴，根据该轴的功能要求，试解释和给出有关几何公差。

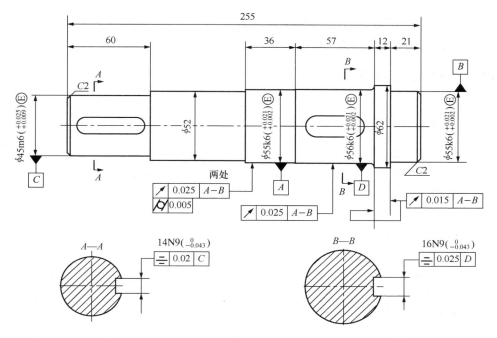

图 3.1　减速器输出轴

3.1 相关知识：几何误差和几何公差

识读图 3.1 中的几何公差标注，应该获得以下信息：公差项目名称、被测要素、基准要素、公差值大小、公差意义及公差要求。

3.1.1 几何误差和几何公差

1. 几何公差国家标准认知

（1）几何误差的产生原因

实际加工后的零件，不但产生尺寸误差，而且还不可避免地产生几何误差。如零件的实际形状相对理想形状产生偏差，即产生形状误差；实际位置相对理想位置产生偏离，即产生位置误差；零件表面相对理想表面产生倾斜，即产生方向误差；零体表面相对理想表面产生倾斜，即产生方向误差。这些误差统称为几何误差。

产生这些误差的原因主要有：

1）机床、夹具、刀具和零件所组成的工艺系统本身存在各种误差。

2）加工过程中零件出现受力变形、振动、磨损等各种干扰。

（2）几何误差对零件使用性能产生的影响

1）影响零件的功能要求。例如，机床导轨表面的直线度、平面度不高，会影响机床刀架的运动精度，从而给被加工零件带入各种加工误差。齿轮箱上各轴承孔的位置误差，会影响齿轮传动的齿面接触精度和齿侧间隙。

2）影响零件的配合性质。例如，对于圆柱体结合的间隙配合，圆柱表面的形状误差会使间隙大小分布不均，当配合件发生相对转动时，磨损加快，降低零件的工作寿命和运动精度。

3）影响零件的装配性。例如，轴承盖上各螺钉孔的位置不正确，就有可能影响其自由装配。

4）影响零件的互换性。例如，一批轴件，如果其中有的零件圆柱度不符合要求，就不能按要求装入与其过盈配合的孔内。

（3）确定几何公差的意义

为了加工出合格的零件，不但要对零件的尺寸误差加以限制，还必须限制加工中产生的几何误差。因此，在设计零件时，必须根据零件的功能要求，考虑制造时的经济性，对几何误差给以必要且合理的限制，即合理地确定零件的几何公差，并在图样上进行正确标注。

（4）几何公差国家标准

我国现行的有关几何公差的国家标准主要有《产品几何技术规范（GPS）几何公差形状、方向、位置和跳动公差标注》（GB/T 1182—2008）、《产品几何量技术规范（GPS）几何要素第 1 部分：基本术语和定义》（GB/T 18780.1—2002）、《形状和位置公差未注公差值》（GB/T 1184—1996）、《产品几何技术规范（GPS）公差原则》（GB/T 4249—2009）、《产品几何技术规范（GPS）几何公差 最大实体要求、最小实体要求和可逆要求》（GB/T 16671—2009）、《产品几何技术规范（GPS）几何公差基准和基准体系》（GB/T 17851—2010）、《产品几何量技术规范（GPS）几何要素第2部分：圆柱面和圆锥面的提取中心线、平行平面的提取中心面、提取要素的局部尺寸》（GB/T 18780.2—2003）、《产品几何量技术规范（GPS）几何公差位置度公差注法》（GB/T 13319—2003）、《形状和位置公差非刚性零件注法》（GB/T 16892—1997）、《形状和位置公差 延伸公差带及其表示法》（GB/T 17773—1999）以及一系列几何误差检测标准。

2. 零件几何要素及其分类

任何机械零件都是由点、线、面组合而成的，把构成零件特征的点、线、面统称为几何要素，简称要素。

图 3.2 所示的零件是由多种要素组成的。要素可以从不同的角度分类。

（1）几何要素按结构特征分类

1）组成要素。零件表面或表面上的线称为组成要素，又称轮廓要素，如图 3.2 中的球面、圆锥面、圆柱面、端平面及圆锥面、圆柱面的素线等。

组成要素中，按是否具有定形尺寸又可分为尺寸要素和非尺寸要素。

① 尺寸要素：由一定大小的线性尺寸

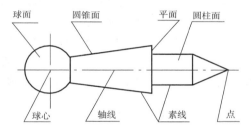

图 3.2 零件几何要素

或角度尺寸确定的几何形状称为尺寸要素，如图 3.2 中的圆球、圆锥面、圆柱面等。

② 非尺寸要素：不具有定形尺寸的几何形状称为非尺寸要素，如图 3.2 中的环状端平面（它具有表示外形大小的直径尺寸，却不具有厚度定形尺寸）。

2）导出要素。由一个或几个组成要素得到的中心点、中心线或中心平面称为导出要素，也称中心要素。如图 3.2 所示，轴线是由圆柱面得到的导出要素，球心是由球面得到的导出要素。

（2）几何要素按存在状态分类

1）理想要素。具有几何学意义的要素（几何的点、线、面）称为理想要素。新的国家标准用公称组成要素和公称导出要素来定义。由技术制图或其他方法确定的理论正确的组成要素称为公称组成要素；由一个或几个公称组成要素导出的中心点，中心线或中心平面称为公称导出要素。

2）实际（组成）要素。由接近实际（组成）要素所限定的零件实际表面的组成要素部分。按规定方法，由实际（组成）要素提取有限数目的点所形成的实际（组成）要素的近似替代称为提取组成要素。由一个或几个提取组成要素得到的中心点、中心线或中心面称为提取导出要素。

（3）几何要素按检测关系分类

1）被测要素。图样上给出了几何公差要求的要素称为被测要素，图 3.3 中的 ϕd_2 圆柱面、ϕd_1 圆柱的轴线为被测要素。

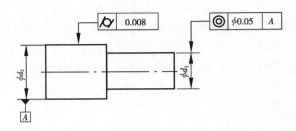

图 3.3　基准要素和被测要素

2）基准要素。在图样上规定用来确定被测要素的方向或位置关系的要素称为基准要素。基准要素是检测时用来确定实际被测要素方向或位置关系的参考对象，它属于理想要素，图 3.3 中的 ϕd_2 圆柱的轴线为基准要素 A。

（4）几何要素按功能关系分类

1）单一要素。按照本身功能要求而给出形状公差的被测要素称为单一要素。

2）关联要素。与基准要素有功能关系而给出方向、位置或跳动公差的被测要素称为关联要素。如图 3.3 中 ϕd_1 圆柱的轴线相对于 ϕd_2 圆柱的轴线给出同轴度功能要求。

3．几何公差的特征项目和符号

国家标准《产品几何技术规范（GPS）几何公差 形状、方向、位置和跳动公差标注》（GB/T 1182—2008）规定了几何公差的分类、特征项目与符号，如表 3.1 所示。几何公差附加符号如表 3.2 所示。

表 3.1　几何公差的分类、特征项目及符号

公差类型	特征项目	符号	有无基准
形状公差 （6个）	直线度	—	无
	平面度	▱	无
	圆度	○	无
	圆柱度	⌀	无
	线轮廓度	⌒	无
	面轮廓度	⌓	无
方向公差 （5个）	平行度	//	有
	垂直度	⊥	有
	倾斜度	∠	有
	线轮廓度	⌒	有
	面轮廓度	⌓	有

续表

公差类型	特征项目	符号	有无基准
位置公差 （6个）	位置度	⊕	有或无
	同心度（用于中心点）	◎	有
	同轴度（用于轴线）	◎	有
	对称度	=	有
	线轮廓度	⌒	有
	面轮廓度	⌒	有
跳动公差 （2个）	圆跳动	↗	有
	全跳动	↗↗	有

注：若线轮廓度和面轮廓度无基准要求，则为形状公差；若有基准要求，则为方向或位置公差。

表 3.2　几何公差附加符号

说明	符号	说明	符号
被测要素		最小实体要求	Ⓛ
基准要素		包容要求	Ⓔ
基准目标	Φ2/A1	可逆要求	Ⓡ
理论正确尺寸	50	自由状态条件（非刚性零件）	Ⓕ
延伸公差带	Ⓟ	全周（轮廓）	
最大实体要求	Ⓜ	公共公差带	CZ
小径	LD	线素	LE
大径	MD	不凸起	NC
中径、节径	PD	任一横截面	ACS

4. 几何公差的标注

在技术图样中，几何公差一般应采用代号标注。当无法采用代号标注时，允许在技术要求中用文字说明。被测要素的标注具体如下。

（1）几何公差代号

几何公差代号用矩形框格表示，并用带箭头的指引线指向被测要素。几何公差框格应水平绘制，由两格或多格组成。几何公差框格分为形状公差框格（两格）和方向、位置、跳动公差框格（三格、四格、五格）两种，如图 3.4 所示。

（2）公差框格的格式

公差框格的格式分为无基准格式、单一基准格式、公共基准格式、多基准格式（第三格填写的为第一基准，第四格填写的为第二基准，第五格填写的为第三基准），如图 3.5 所示。

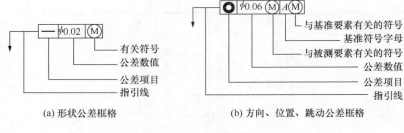

图 3.4　几何公差代号

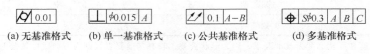

图 3.5　公差框格的格式

（3）几何公差框格的填写内容

第一格：填写几何公差特征项目符号。

第二格：填写公差数值和有关符号。如果公差带为圆形、圆柱形，公差数值前应加注直径符号"ϕ"，如图 3.5（b）所示；如果公差带为球形，公差数值前加注符号"$S\phi$"，如图 3.5（d）所示。根据设计要求，还可填写其他有关符号。

第三、四、五格：填写基准的字母和有关符号。

（4）被测要素的标注方法

1）标注时指引线一般可由公差框格的任意一侧引出（原则上由公差框格的左端或右端的中间位置引出），指引线前端的箭头应指向被测要素，指引线箭头所指的方向是公差带宽度方向或直径方向。

2）被测要素为组成要素时，指引线的箭头应指在该要素的轮廓线或其延长线上，并应与尺寸线明显错开，如图 3.6（a）所示；箭头也可指向带点的引出线的水平线，引出线引自被测面，图 3.6（b）为被测圆表面的标注方法。

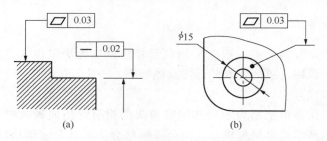

图 3.6　被测要素为组成要素的标注方法

3）被测要素为导出要素时，指引线的箭头应与该要素的尺寸线对齐，其标注方法如图 3.7 所示。

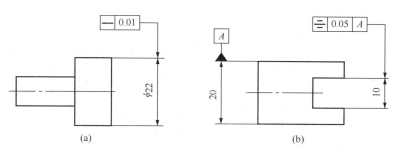

图 3.7　被测要素为导出要素的标注方法

5. 基准要素

（1）基准

用来确定实际关联要素几何位置关系的要素称为基准。该要素应具有理想形状以及理想方向。基准有基准点、基准直线（基准轴线）、基准平面（基准中心平面）三种要素形式，其中基准点用得极少。按照需要，关联要素的方位可以根据单一基准、公共基准或三基面体系来确定。

1）单一基准。由一个基准要素建立的基准称为单一基准。如图 3.8 所示，由一个平面要素建立的基准平面 B 作为被测表面平行度的基准。

2）公共基准。由两个或两个以上同类基准要素建立的一个独立基准称为公共基准，又称组合基准。如图 3.9 所示，由两个直径皆为 ϕd_1 的圆柱面的轴线 A、B 建立一条公共轴线 A—B 作为 ϕd_2 圆柱面同轴度的基准。

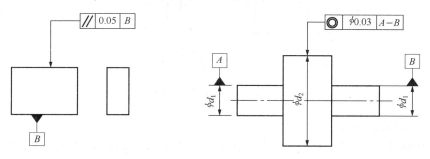

图 3.8　单一基准的标注　　　　　图 3.9　公共基准的标注

3）三基面体系。确定被测关联要素在空间的理想位置所采用的基准一般由三个互相垂直的基准平面组成，称为三基面体系（或三面基准体系），如图 3.10 所示。

三基面体系的三个互相垂直的基准平面分别称为第一、第二和第三基准平面，其分别与零件上三个实际的基准表面相对应。一般以零件上面积大、定位功能稳定的平面作为第一基准平面（A），以面积次之的平面（B）作为第二基准平面，以面积最小的平面（C）作为第三基准平面。

三基面体系中每两个基准平面的交线构成一条基准轴线，三条基准轴线的交点构成基准点。确定关联要素的方位时，可以使用其中的三个基准平面，也可以使用其中

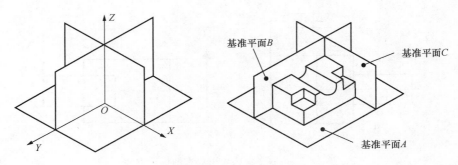

图 3.10　三基面体系

的两个基准平面或一个基准平面（单一基准平面），或者使用一个基准平面和一条轴线。

标注时，对于采用三基面体系的基准，应在公差框格中自第三格开始从左至右依次填写相应的基准字母。如图 3.11 所示，用基准平面 A、B 及基准中心平面 C 作为 $S\phi d$ 圆球中心点位置度的基准。

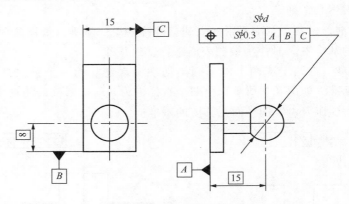

图 3.11　三基面体系的标注

（2）基准要素的标注

1）基准符号。基准符号由方格、连线、涂黑或空白的三角形和基准的字母构成。与被测要素相关联的基准用一个大写拉丁字母（不用 E、I、J、M、O、P、R、L、F）表示，字母标注在方格内，与一个涂黑或空白的三角形相连以表示基准，涂黑或空白的三角形含义相同，如图 3.12 所示。基准符号的绘制形式如图 3.13 所示。

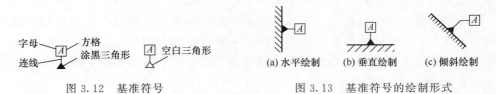

图 3.12　基准符号　　　　　图 3.13　基准符号的绘制形式

2）基准要素的标注方法。

① 基准要素采用基准符号标注，从几何公差框格中的第三格起，填写相应的基准字母。基准符号中的连线应垂直于基准要素。无论基准符号在图样中放置的方向如何，方格内的字母都应水平书写。

② 基准要素为组成要素时，基准符号放置在要素的轮廓线或其延长线上，并与尺寸线明显地错开，如图 3.14（a）所示；基准符号也可放置在轮廓面的引出线的水平线上，如图 3.14（b）所示。

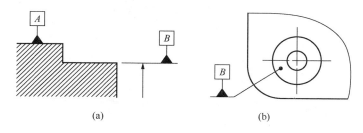

图 3.14　基准要素为组成要素时的标注方法

③ 基准要素为导出要素时，基准符号的连线应与该要素的尺寸线对齐，如图 3.15所示。

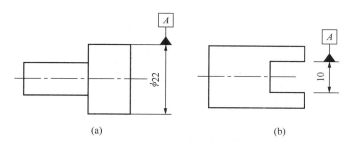

图 3.15　基准要素为导出要素时的标注方法

④ 基准要素为圆锥轴线时，基准符号的连线应位于圆锥直径尺寸线的延长线上，如图 3.16（a）所示。当圆锥采用角度标注时，基准符号的连线应正对该圆锥角度的尺寸界线，如图 3.16（b）所示。

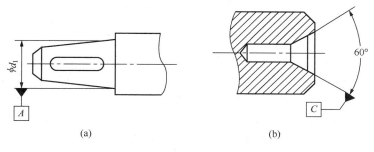

图 3.16　基准要素为圆锥轴线时的标注方法

6. 几何公差的简化标注

在不影响读图及不引起误解的前提下，可以简化几何公差的标注，具体方法如下。

1）当多个被测要素有相同几何公差要求时，可只标出其中一个要素，并在公差框格的上方、被测要素的尺寸之前注明要素的个数，在两者之间加上"×"号，如图 3.17 所示。

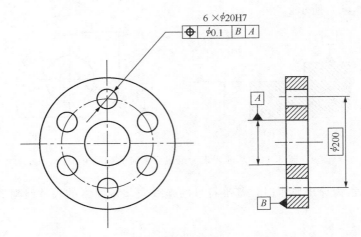

图 3.17　多个被测要素有相同几何公差要求的标注

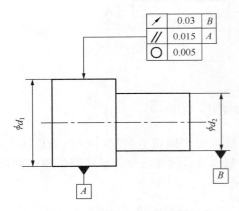

图 3.18　被测要素有多项几何
公差要求的标注

2）当被测要素有多项几何公差要求，且测量方向相同时，可将这些框格叠加在一起，并共用一条指引线，如图 3.18 所示。

3）一个公差框格可以用于具有相同几何特征和公差值的若干分离被测要素，如图 3.19 所示。

4）若干分离被测要素仅给出单一公差带时，可在公差框格内公差值的后面加注公共公差带符号"CZ"，如图 3.20 所示。

7. 几何公差的其他标注

1）需要对整个被测要素任意限定范围标注同样几何特征的公差时，该限定部分（长度或面积）的数值应加注在公差值的后面并用斜线间隔，可采用图 3.21 的标注方法。图 3.21（a)表示被测要素在任一 100mm 长度上，平面度公差值为 0.02mm。图 3.21（b）表示被测要素在任一 100mm × 100mm 的正方形表面上，平面度公差值为 0.05mm。图 3.21（c）表示在被测要素的 1000mm 全长上，直线度公差值为 0.05mm；在任一 200mm 的长度上，直线度公差值为 0.02mm。

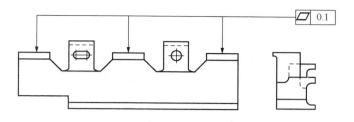

图 3.19　若干分离被测要素具有相同公差要求的标注

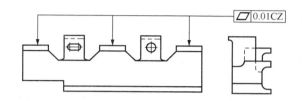

图 3.20　若干分离被测要素仅有单一公差带要求的标注

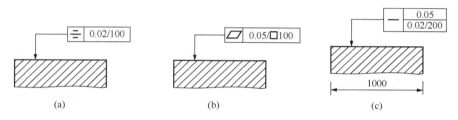

图 3.21　任意限定被测要素范围的标注

2）若仅限定对被测要素的某一局部范围给出几何公差要求，则采用粗点画线表示其范围，如图 3.22（a）所示。若以要素的某一局部范围作为基准要素，也采用粗点画线表示其范围，如图 3.22（b）所示。

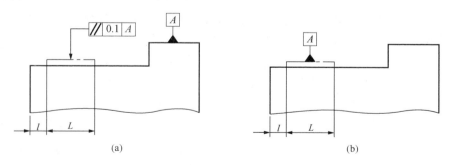

图 3.22　局部限定被测要素或基准要素范围的标注

3）当几何公差特征项目如轮廓度公差适用于横截面内的整个外轮廓线或整个外轮廓面时，应采用全周符号，如图 3.23 所示。此时被测要素只包括由公差代号所指向的表面，并不表示零件的所有表面。

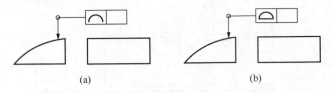

图 3.23　全周符号的标注

4）为防止零件在装配时产生干涉现象，将位置度公差延伸到发生干涉的部位，其延伸的部分就是延伸公差带。延伸公差带是为满足零件的功能要求，将位置度公差带与其他几何公差带联合应用的一种公差带。延伸公差带的标注如图 3.24 所示，用双点画线表示延伸公差带的最小延伸长度，在长度数值的前面标注附加符号Ⓟ，在公差框格中公差值的后面标注附加符号Ⓟ。

5）以螺纹轴线（默认为螺纹中径圆柱的轴线）为被测要素或基准要素时，应在公差框格或基准方框的下方表明。例如，用附加符号"MD"表示大径，用"LD"表示小径，如图 3.25 和图 3.26 所示。以齿轮、花键轴的轴线为被测要素或基准要素时，需要说明所指的要素，如用附加符号"PD"表示节径，用"MD"表示大径，用"LD"表示小径。

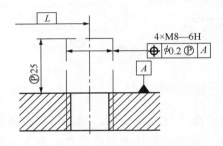

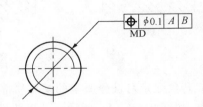

图 3.24　延伸公差带的标注　　　　　　图 3.25　螺纹大径为被测要素的标注

6）当需要限制被测要素在公差带内的形状时，应在公差框格的下方注明，如用附加符号"NC"表示不凸起，如图 3.27 所示。

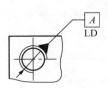

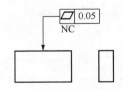

图 3.26　螺纹小径为基准要素的标注　　　　图 3.27　不凸起符号的标注

8. 几何公差带

（1）几何公差带的定义

由一个或几个理想的几何线或面所限定的，由线性公差值表示其大小的区域称为几何公差带。

（2）几何公差带与尺寸公差带的主要区别

几何公差带与尺寸公差带的主要区别在于控制对象不同。尺寸公差带用来限制零件实际（组成）要素的大小，通常是二维平面区域；而几何公差带用来限制零件被测要素的实际形状、方向和位置的变动量，通常是三维空间区域。

（3）几何公差带的组成

几何公差带由形状、大小、方向和位置 4 个要素确定。

1）几何公差带的形状。几何公差带的形状由被测要素的几何特征和设计要求确定。其形状主要有 9 种形式，表 3.3 列出了公差带的形状及适用被测要素和公差特征项目。

2）几何公差带的大小。几何公差带的大小用于体现几何精度要求的高低，是由图样上给出的几何公差值确定的，一般指几何公差带的宽度、直径或半径，如表 3.3 中的 t、ϕt、$S\phi t$。当公差带为圆形或圆柱形时，应在公差值前加 ϕ；当公差带为球形时，应在公差值前加 $S\phi$。

表 3.3　几何公差带的形状及应用范围

公差带		适用被测要素									用于公差特征项目													
形状	图示	球面	任意曲面	圆锥面	圆柱面	平面	圆	任意曲线	直线	点	直线度	平面度	圆度	圆柱度	线轮廓度	面轮廓度	平行度	垂直度	倾斜度	同轴度	对称度	位置度	圆跳动	全跳动
两平行直线	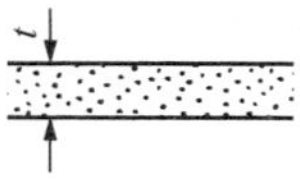								●		▲						▲	▲	▲		▲	▲		
两等距曲线	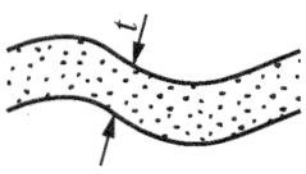							●							▲									
两同心圆	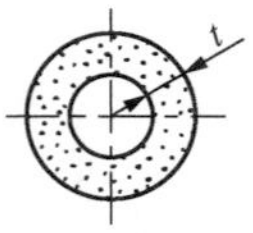	●		●	●		●						▲										▲	
一个圆	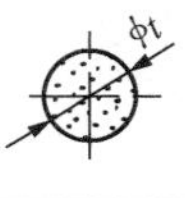									●										▲		▲		

续表

公差带		适用被测要素		用于公差特征项目								
一个球	$S\phi t$		●									▲
一个圆柱	ϕt	●		▲			▲	▲	▲	▲		▲
两同轴圆柱		●				▲						▲
两平行平面	t	●	●	▲	▲		▲	▲		▲	▲	▲
两等距曲面	t	●			▲							

3）几何公差带的方向。几何公差带的方向为公差带的宽度方向，即被测要素的法向。

几何公差带的方向在理论上应与图样上公差带代号的指引线箭头方向垂直，图 3.28（a）中平面度公差带的方向为水平方向，图 3.29（a）中垂直度公差带的方向为铅垂方向。公差带的实际方向，就形状公差而言，由最小条件决定，如图 3.28（b）所示；就位置公差而言，应与基准的理想要素保持正确的方向，如图 3.29（b）所示。

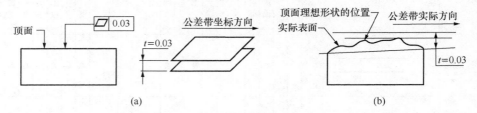

图 3.28 形状公差带方向

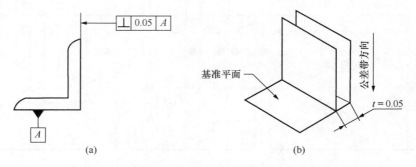

图 3.29 位置公差带方向

4）几何公差带的位置。几何公差带的位置分为浮动和固定两种。在形状公差中，公差带的位置均为浮动的。在位置公差中，同轴度、对称度和位置度的公差带固定；如无特殊要求，其他位置公差的公差带位置浮动。

9. 几何公差的公差值和公差等级

几何公差值在图样上的表示方法有两种：一种是在图样上用几何公差代号标注，在几何公差框格内注出公差值；另一种是在图样上不注出公差值，而用几何公差的未注公差来控制，这种在图样上虽未用代号注出，但仍有一定要求的几何公差，称为未注几何公差。

对几何公差有较高要求的零件，均应在图样上按规定的标注方法注出公差值，几何公差值的大小由几何公差等级并根据主参数的大小确定。因此，确定几何公差值实际上就是确定几何公差等级。

GB/T 1184—1996 对图样上的注出公差规定了 12 个等级，由 1 级起精度依次降低，6 级与 7 级为基本级。圆度与圆柱度还增加了精度更高的零级。标准还给出了项目的公差值和数系表。表 3.4～表 3.7 列出了部分几何公差值和应用举例。

表 3.4　直线度和平面度公差　　　　　　（单位：μm）

公差等级	主要参数 L/mm										应用举例
	≤10	>10 ~16	>16 ~25	>25 ~40	>40 ~63	>63 ~100	>100 ~160	>160 ~250	>250 ~400	>400 ~630	
5	2	2.5	3	4	5	6	8	10	12	15	普通精度的机床导轨
6	3	4	5	6	8	10	12	15	20	25	
7	5	6	8	10	12	15	20	25	30	40	轴承体的支承面，减速器的壳体，轴系支承轴承的接合面
8	8	10	12	15	20	25	30	40	50	60	
9	12	15	20	25	30	40	50	60	80	100	辅助机构及手动机械的支承面，液压管件和法兰的连接面
10	20	25	30	40	50	60	80	100	120	150	

注：L 为被测要素的长度。

表 3.5　圆度和圆柱度公差　　　　　　（单位：μm）

公差等级	主要参数 d(D)/mm										应用举例
	>6 ~10	>10 ~18	>18 ~30	>30 ~50	>50 ~80	>80 ~120	>120 ~180	>180 ~250	>250 ~315	>315 ~400	>400 ~500
5	1.5	2	2.5	2.5	3	4	5	7	8	9	10	安装 0 级和 6 级滚动轴承的配合面，通用减速器的轴颈、一般机床的主轴
6	2.5	3	4	4	5	6	8	10	12	13	15	

续表

公差等级	主要参数 d(D)/mm											应用举例
	>6~10	>10~18	>18~30	>30~50	>50~80	>80~120	>120~180	>180~250	>250~315	>315~400	>400~500	
7	4	5	6	7	8	10	12	14	16	18	20	千斤顶或压力油缸的活塞，水泵及减速器的轴颈，液压传动系统的分配机构
8	6	8	9	11	13	15	18	20	23	25	27	
9	9	11	13	16	19	22	25	29	32	36	40	起重机、卷扬机用滑动轴承等
10	15	18	21	25	30	35	40	46	52	7	63	

注：d(D) 为被测要素的直径。

表 3.6 平行度、垂直度和倾斜度公差 （单位：μm）

公差等级	主要参数 L、d(D)/mm										应用举例
	≤10	>10~16	>16~25	>25~40	>40~63	>63~100	>100~160	>160~250	>250~400	>400~630	
5	5	6	8	10	12	15	20	25	30	40	垂直度用于发动机的轴和离合器的凸缘，装 0 级、6 级轴承之箱体的凸肩
6	8	10	12	15	20	25	30	40	50	60	平行度用于中等精度钻模的工作面，7~8 级精度齿轮传动壳体孔的中心线
7	12	15	20	25	30	40	50	60	80	100	垂直度用于装 0 级轴承之壳体孔的轴线，按 h6 与 g6 连接的锥形轴减速机的机体孔中心线
8	20	25	30	40	50	60	80	100	120	150	平行度用于重型机械轴承盖的端面、手动传动装置中的传动轴

注：L、d(D) 为被测要素的长度和直径。

表 3.7 同轴度、对称度、圆跳动和全跳动公差 （单位：μm）

公差等级	主参数 d(D)、B、L/mm								应用举例
	>3~6	>6~10	>10~18	>18~30	>30~50	>50~120	>120~250	>250~500	
5	3	4	5	6	8	10	12	15	6 和 7 级精度齿轮轴的配合面，较高精度的快速轴，较高精度机床的轴套
6	5	6	8	10	12	15	20	25	
7	8	10	12	15	20	25	30	40	8 和 9 级精度齿轮轴的配合面，普通精度轴（100r/min 以下），长度在 1m 以下的主传动轴，起重运输机的鼓轮配合孔和导轮的滚动面
8	12	15	20	25	30	40	50	60	

注：d(D)、B、L 为被测要素的直径、宽度和长度。

3.1.2 几何公差的识读和标注

对加工后的零件进行检测，被测实际要素一般总会存在一定的几何误差。设计者往往需要根据使用要求标注几何公差代号，用以限制几何误差，正确识读和标注几何公差代号是本项目完成的重要内容。

1. 形状公差

形状公差是为了限制形状误差而设置的公差项目。形状公差是指实际单一要素的形状对其理想形状所允许的变动值。形状公差带是限制实际要素变动的区域。由于形状公差不涉及基准，所以形状公差带的方向和位置一般是浮动的。形状公差分为直线度、平面度、圆度、圆柱度、线轮廓度和面轮廓度 6 个项目，其符号如表 3.1 所示。形状公差带的定义及解释，如表 3.8 所示。

表 3.8　形状公差带的定义、标注和解释

公差带的定义	标注及解释
1）直线度公差	
公差带为在给定平面内和给定方向上，间距等于公差值 t 的两平行直线所限定的区域（见图 1）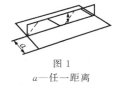图 1 a—任一距离	在任一平行于图示投影面的平面内，上平面的提取（实际）线应限定在间距等于 0.1 的两平行直线之间（见图 2）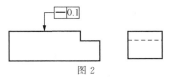图 2
公差带为间距等于公差值 t 的两平行平面所限定的区域（见图 3）图 3	提取（实际）的棱边应限定在间距等于 0.1 的两平行平面之间（见图 4）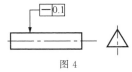图 4
由于公差值前加注了符号 ϕ，公差带为直径等于公差值 ϕt 的圆柱面所限定的区域（见图 5）图 5	外圆柱面的提取（实际）中心线应限定在直径等于 $\phi 0.08$ 的圆柱面积内（见图 6）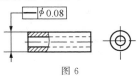图 6

公差带的定义	标注及解释

2）平面度公差

公差带为间距等于公差值 t 的两平行平面所限定的区域（见图7）

提取（实际）表面应限定在间距等于0.08的两平行平面之间（见图8）

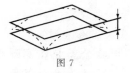

图7

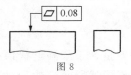

图8

3）圆度公差

公差带为在给定横截面内、半径差等于公差值 t 的两同心圆所限定的区域（见图9）

在圆柱面和圆锥面的任意横截面内，提取（实际）圆周应限定在半径差等于0.03的两共面同心圆之间（见图10）

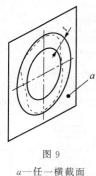

图9

a—任一横截面

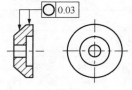

图10

在圆锥面的任意横截面内，提取（实际）圆周应限定在半径差等于0.03的两同心圆之间（见图11）

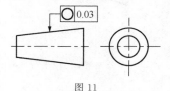

图11

注：提取圆周的定义尚未标准化。

4）圆柱度公差

公差带为半径差等于公差值 t 的两同轴圆柱面所限定的区域（见图12）

提取（实际）圆柱面应限定在半径差等于0.03的两同轴圆柱面之间（见图13）

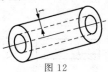

图12

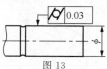

图13

续表

公差带的定义	标注及解释
5）无基准的线轮廓度公差（见 GB/T 17852）	
公差带为直径等于公差值 t 圆心位于具有理论正确几何形状上的一系列圆的包络线所限定的区域（见图14） 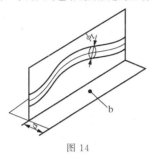 图 14 a—任一距离　b—垂直于图 15 视图所在平面	在任一平行于图示投影面的截面内，提取（实际）轮廓线应限定在直径等于 0.04，圆心位于被测要素理论正确几何形状上的一系列图的两包络线之间（见图15） 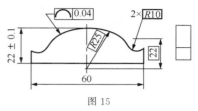 图 15
6）无基线的面轮廓度公差（见 GB/T 17852）	
公差带为直径等于公差值 t，球心位于被测要素理论正确形状上的一系列圆球的两包络面所限定的区域（见图16） 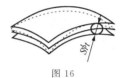 图 16	提取（实际）轮廓面应限定在直径等于 0.02，球心位于被测要素理论正确几何形状上的一系列圆球的两等距包络面之间（见图17） 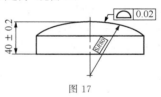 图 17

（1）直线度公差

直线度是限制被测实际直线对理想直线变动量的一项指标。被测直线有平面上的直线、直线回转体（圆柱体和圆柱体）上的素线、平面与平面的交线（形成空间直线）和轴线等。

根据零件的功能要求，直线度公差分为在给定平面内、在给定方向上和在任意方向上三种形式。

1）给定平面内的直线度公差定义和标注见表3.8的图1和图2。

2）给定一个方向上的直线度公差定义和标注见表3.8的图3和图4。

3）给定任意方向上的直线度公差带的定义和标注见表3.8的图5和图6。

（2）平面度公差

平面度是限制实际表面对理想平面变动量的一项指标。

平面度公差带的定义和标注见表3.8的图7和图8。

（3）圆度公差

圆度是限制实际圆对理想圆变动量的一项指标。它是对具有圆柱面（圆锥面、球面）的零件，在任一横截面积内的圆形轮廓要求。

圆度公差带的定义和标注见表 3.8 的图 9、图 10 和图 11。

注意：在圆锥面上标注圆度公差时，指引线箭头应与轴线垂直。圆度公差带的宽度应在垂直于轴线的平面内确定。

（4）圆柱度公差

圆柱公差是限制实际圆柱面对理想圆柱面变动量的一项指标。圆柱度公差可控制圆柱体横截面和轴截面内的各项形状精度要求，可以同时控制圆度，素线、轴线的直线度，以及两条素线的平行度等。

圆柱度公差带的定义和标注见表 3.8 的图 12 和图 13。

（5）轮廓度公差

轮廓度公差涉及的要素是曲线和曲面。轮廓度公差分为线轮廓度公差和面轮廓度公差两个特征项目。它们的理想被测要素的形状需要用理论正确尺寸决定。

理论正确尺寸是指在图样上用加方框的数字所确定的被测要素的理论正确位置、轮廓或角度的尺寸。该尺寸是确定被测要素的正确形状、正确方向和正确位置的一种绝对准确尺寸，没有标注公差。采用方框的这种形式来表示，是为了区别于图样上的未注公差尺寸，如 $\boxed{50}$、$\boxed{R5}$、$\boxed{45°}$ 等。

轮廓度公差带分为无基准和相对于基准体系两种。前者的方位是可以浮动的，属于形状公差。而后者的方位是固定的，属于方向或位置公差。

1）无基准的线轮廓度公差带的定义和标注见表 3.8 的图 14 和图 15。

2）无基准的面轮廓度公差带的定义和标注见表 3.8 的图 16 和图 17。

2. 方向公差

方向公差是指实际关联要素相对于基准要素的实际方向对理想方向的允许变动量。方向公差用于限制线或面的定向误差。方向公差的公差带相对于基准有确定的方向，并且在相对基准保持确定方向的条件下，公差带的位置是浮动的。方向公差具有综合控制被测要素的方向和形状的功能。方向公差主要分为平行度、垂直度、倾斜度、线轮廓度、面轮廓度 5 个项目。

平行度、垂直度和倾斜度公差的被测要素和基准要素各有平面和直线之分。因此，它们的公差有面对基准面、线对基准面、面对基准线、线对基准线 4 种形式。

（1）平行度公差

平行度公差用来控制零件上被测要素（平面或直线）相对于基准要素（平面或直线）的方向偏离 0° 的程度。平行度公差是限制被测组成要素对基准在平行方向上变动量的一项指标。

1）线对基准体系的平行度公差带的定义和标注见表 3.9 的图 1 和图 2、图 3 和图 4、图 5 和图 6。

2）线对基准线的平行度公差带的定义和标注见表 3.9 的图 7 和图 8。

3）线对基准面的平行度公差带的定义和标注见表 3.9 的图 9 和图 10。

4）面对基准体系的平行度公差带的定义和标注见表 3.9 的图 11 和图 12。

5）面对基准线的平行度公差带的定义和标注见表 3.9 的图 13 和图 14。

6）面对基准面的平行度公差带的定义和标注见表 3.9 的图 15 和图 16。

表 3.9　方向公差带的定义、标注和解释

公差带的定义	标注及解释
1　平行度公差	
1.1　线对基准体系的平行度公差	
公差带为间距等于公差值 t、平行于两基准的两平行平面所限定的区域（见图 1） 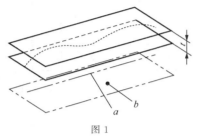 图 1 a—基准轴线　b—基准平面	提取（实际）中心线应限定在间距等于 0.1，平行于基准轴线 A 和基准平面 B 的两平行平面之间（见图 2） 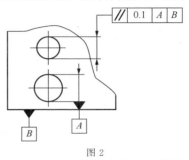 图 2
公差带为间距等于公差值 t，平行于基准轴线 A 且垂直于基准平面 B 的两平行平面所限定的区域（见图 3） 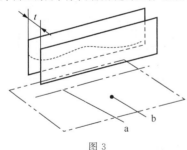 图 3 a—基准轴线　b—基准平面	提取（实际）中心线应限定在间距等于 0.1 的两平行平面之间。该两平行平面平行于基准轴线 A 且垂直于基准平面 B（见图 4） 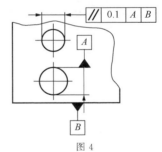 图 4
公差带为平行于基准轴线和平行或垂直于基准平面，间距分别等于公差值 t_1 和 t_2，且相互垂直的两组平行面所限定的区域（见图 5） 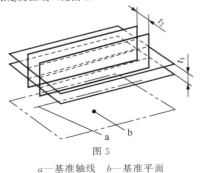 图 5 a—基准轴线　b—基准平面	提取（实际）中心线应限定在平行于基准轴线 A 和平行或垂直于基准平面 B，间距分别等于公差值 0.1 和 0.2，且相互垂直的两组平行平面之间（见图 6） 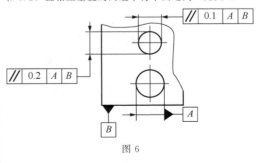 图 6

公差带的定义	标注及解释

1　平行度公差

1.2　线对基准线的平行度公差

若公差值前加注了符号 ϕ，公差带为平行于基准轴线、直径等于公差值 ϕt 的圆柱面所限定的区域（见图 7）

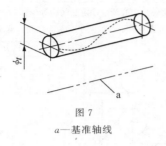

图 7

a—基准轴线

提取（实际）中心线应限定在平行于基准轴线 A、直径等于 $\phi 0.03$ 的圆柱面内（见图 8）

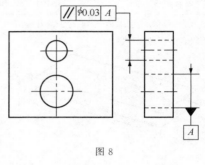

图 8

1.3　线对基准面的平行度公差

公差带为平行于基准平面、间距等于公差值 t 的两平行平面所限定的区域（见图 9）

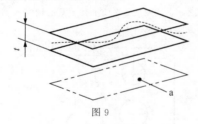

图 9

提取（实际）中心线应限定在平行于基准平面 B、间距等于 0.01 的两平行平面之间（见图 10）

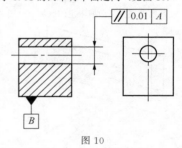

图 10

1.4　线对基准体系的平行度公差

公差带为间距等于公差值 t 的两平行直线所限定的区域。该两平行直线平行于基准平面 A 且处于平行于基准平面 B 的平面内（见图 11）

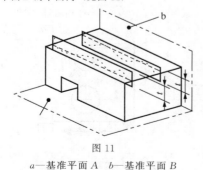

图 11

a—基准平面 A　b—基准平面 B

提取（实际）线应限定在间距等于 0.02 的两平行直线之间。该两平行直线平行于基准平面 A、且处于平行于基准平面 B 的平面内（见图 12）

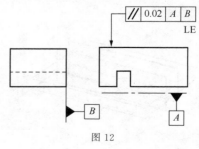

图 12

续表

公差带的定义	标注及解释

1   平行度公差

1.5   面对基准线的平行度公差

公差带为间距等于公差值 t，平行于基准轴线的两平行平面所限定的区域（见图 13）

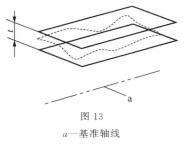

图 13

a—基准轴线

提取（实际）表面应限定在间距等于 0.1、平行于基准轴线 C 的两平行平面之间（见图 14）

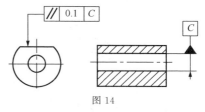

图 14

1.6   面对基准面的平行度公差

公差带为间距等于公差值 t、平行于基准平面的两平行平面所限定的区域（见图 15）

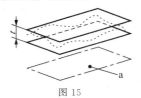

图 15

提取（实际）表面应限定在间距等于 0.01、平行于基准 D 的两平行平面之间（见图 16）

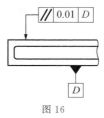

图 16

2   垂直度公差

2.1   线对基准线的垂直度公差

公差带为间距等于公差值 t、垂直于基准线的两平行平面所限定的区域（见图 17）

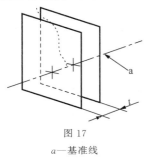

图 17

a—基准线

提取（实际）中心线应限定在间距等于 0.06、垂直于基准轴线 A 的两平行平面之间（见图 18）

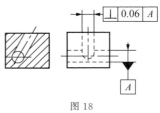

图 18

续表

公差带的定义	标注及解释
2　垂直度公差	
2.2　线对基准体系的垂直度公差	

公差带为间距等于公差值 t 的两平行平面所限定的区域。该两平行平面垂直于基准平面 A，且平行于基准平面 B（见图19）

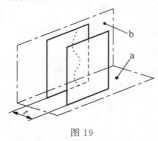

图19

a—基准平面 A　b—基准平面 B

圆柱面的提取（实际）中心线应限定在间距等于 0.1 的两平行平面之间。该两平行平面垂直于基准平面 A，且平行于基准平面 B（见图20）

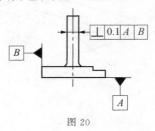

图20

公差带为间距分别等于公差值 t_1 和 t_2，且互相垂直的两组平行平面所限定的区域。该两组平行平面都垂直于基准平面 A。其中一组平行平面垂直于基准平面 B（见图21），另一组平行平面平行于基准平面 B（见图22）

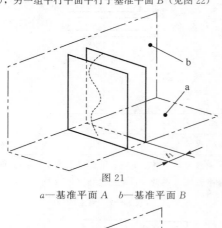

图21

a—基准平面 A　b—基准平面 B

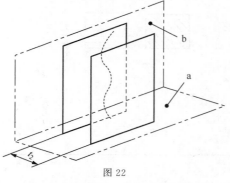

图22

a—基准平面 A　b—基准平面 B

圆柱的提取（实际）中心线应限定在间距分别等于 0.1 和 0.2，且和互相垂直的两组平行平面内。该两组平行平面垂直于基准平面 A 且垂直或平行于基准平面 B（见图23）

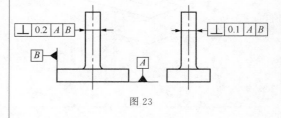

图23

公差带的定义	标注及解释

2 垂直度公差

2.3 线对基准面的垂直度公差

若公差值前加注符号 ϕ，公差带为直径等于公差值 ϕt、轴线垂直于基准平面的圆柱面所限定的区域（见图 24）

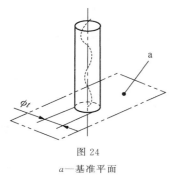

图 24

a—基准平面

圆柱面的提取（实际）中心线应限定在直径等于 $\phi 0.01$、垂直于基准平面 A 的圆柱面内（见图 25）

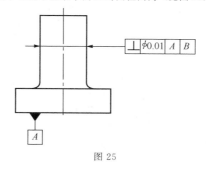

图 25

2.4 面对基准线的垂直度公差

公差带为间距等于公差值 t 且垂直于基准轴线的两平行平面所限定的区域（见图 26）

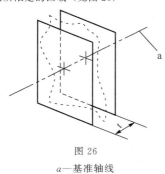

图 26

a—基准轴线

提取（实际）表面应限定在间距等于 0.08 的两平行平面之间。该两平行平面垂直于基准轴线 A（见图 27）

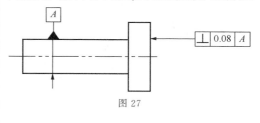

图 27

2.5 面对基准平面的垂直度公差

公差带为间距等于公差值 t、垂直于基准平面的两平行平面所限定的区域（见图 28）

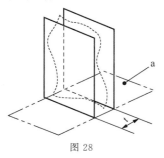

图 28

提取（实际）表面应限定在间距等于 0.08、垂直于基准平面 A 的两平行平面之间（见图 29）

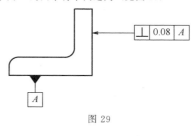

图 29

公差带的定义	标注及解释
3 倾斜度公差	

3.1 线对基准线的倾斜度公差

1）被测线与基准线在同一平面上 　　公差带为间距等于公差值 t 的两平行平面所限定的区域。该两平行平面按给定角度倾斜于基准轴线（见图30）	提取（实际）中心线应限定在间距等于 0.08 的两平行平面之间。该两平行平面按理论正确角度60°倾斜于公共基准轴线 $A-B$（见图31）

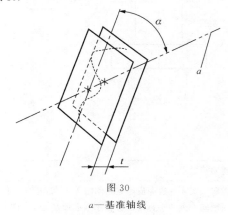

图30
a—基准轴线

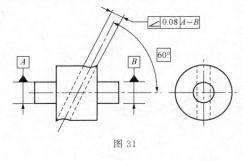

图31

2）被测线与基准线在不同平面内 　　公差带为间距等于公差值 t 的两平行平面所限定的区域。该两平行平面按给定角度倾斜于基准轴线（见图32）	提取（实际）中心线应限定在间距等于 0.08 的两平行平面之间。该两平行平面按理论正确角度60°倾斜于公共基准轴线 $A-B$（见图33）

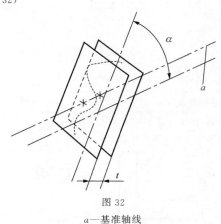

图32
a—基准轴线

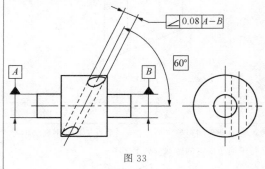

图33

续表

公差带的定义	标注及解释

3　倾斜度公差

3.2　线对基准面的倾斜度公差

公差带为间距等于公差值 t 的两平行平面所限定的区域。该两平行平面按给定角度倾斜于基准平面（见图 34）

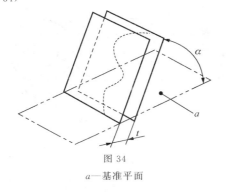

图 34
a—基准平面

提取（实际）中心线应限定在间距等于 0.08 的两平行平面之间。该两平行平面按理论正确角度 60°倾斜于基准平面 A（35）

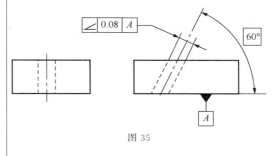

图 35

公差值前加注符号 ϕ，公差带为直径等于公差值 ϕt 的圆柱面所限定的区域。该圆柱面公差带的轴线按给定角度倾斜于基准平面 A 且平行于基准平面 B（见图 36）

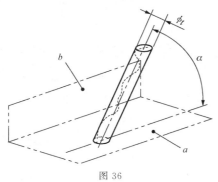

图 36
a—基准平面 A　b—基准平面 B

提取（实际）中心线应限定在直径等于 $\phi 0.1$ 的圆柱面内。该圆柱面的中心线按理论正确角度 60°倾斜于基准平面 A 且平行于基准平面 B（见图 37）

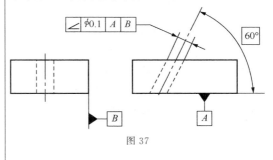

图 37

公差带的定义	标注及解释

3 倾斜度公差

3.3 面对基准线的倾斜度公差

公差带为间距等于公差值 t 的两平行平面所限定的区域。该两平行平面按给定角度倾斜于基准直线（见图38）

提取（实际）表面应限定在间距等于0.1的两平行平面之间。该两平行平面按理论正确角度75°倾斜于基准轴线 A（见图39）

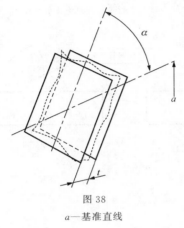

图 38

a—基准直线

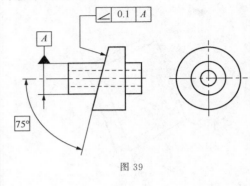

图 39

3.4 面对基准面的倾斜度公差

公差带为间距等于公差值 t 的两平行平面所限定的区域。该两平行平面按给定角度倾斜于基准平面（见图40）

提取（实际）表面应限定在间距等于0.08的两平行平面之间。该两平行平面按理论正确角度40°倾斜于基准平面 A（见图41）

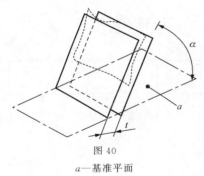

图 40

a—基准平面

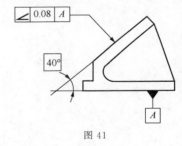

图 41

续表

公差带的定义	标注及解释
4 相对于基准体系的线轮廓度公差	
公差带为直径等于公差值 t、圆心位于由基准平面 A 和基准平面 B 确定的被测要素理论正确几何形状上的一系列圆的两包络线所限定的区域（见图42）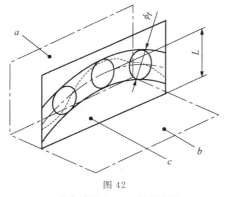 图 42 a—基准平面 A　b—基准平面 B c—平行于基准 A 的平面	在任一平行于图示投影平面的截面内，提取（实际）轮廓线应限定在直径等于 0.04、圆心位于由基准平面 A 和基准平面 B 确定的被测要素理论正确几何形状上的一系列圆的两等距包络线之间（见图43）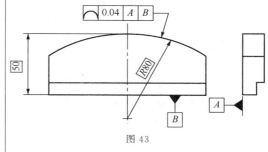 图 43
5 相对于基准的面轮廓度公差	
公差带为直径等于公差值 t、球心位于由基准平面 A 确定的被测要素理论正确几何形状上的一系列圆球的两包络面所限定的区域（见图44）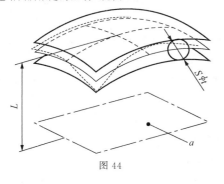 图 44	提取（实际）轮廓面应限定在直径等于 0.1、球心位于由基准平面 A 确定的被测要素理论正确几何形状上的一系列圆球的两等距包络面之间（见图45）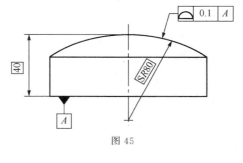 图 45

（2）垂直度公差

垂直度公差用来控制零件上被测要素（平面或直线）相对于基准要素（平面或直线）的偏离90°的程度。垂直度公差是限制被测实际要素对基准在垂直方向上变动量的一项指标。

1）线对基准线的垂直度公差带的定义和标注见表3.9的图17和图18。

2）线对基准体系的垂直度公差带的定义和标注见表3.9的图19～图23。

3）线对基准面的垂直度公差带的定义和标注见表3.9的图24和图25。

4）面对基准线的垂直度公差带定义和标注见表 3.9 的图 26 和图 27。

5）面对基准平面的垂直度公差带定义和标注见表 3.9 的图 28 和图 29。

（3）倾斜度公差

倾斜度公差用来控制零件上被测要素（平面或直线）相对于基准要素（平面或直线）的方向偏离某一给定角度（0°～90°）的程度。倾斜度公差是限制被测实际要素对基准在倾斜方向上变动量的一项指标。

1）线对基准线的倾斜度公差。被测线和基准线在同一平面上，线对基准线的倾斜度公差带定义和标注见表 3.9 的图 30 和图 31；被测线和基准线在不同平面内，线对基准线的倾斜度公差带定义和标注见表 3.9 的图 32 和图 33。

2）线对基准面的倾斜度公差带定义和标注见表 3.9 的图 34～图 37。

3）面对基准线的倾斜度公差带定义和标注见表 3.9 的图 38 和图 39。

4）面对基准面的倾斜度公差带定义和标注见表 3.9 的图 40 和图 41。

（4）轮廓度公差

1）相对于基准体系的线轮廓度公差带定义和标注见表 3.9 的图 42 和图 43。

2）相对于基准的面轮廓度公差带定义和标注见表 3.9 的图 44 和图 45。

3．位置公差

位置公差是指被测关联要素对基准要素在位置上所允许的变动量。位置公差用于限制被测要素对基准的方位误差。位置公差带不仅具有确定的方向，而且具有确定的位置，其相对于基准的尺寸为理论正确尺寸。位置公差带具有综合控制被测关联要素位置、方向和形状的功能。确定被测关联要素在空间的理想位置时需要引用三基面体系。

位置公差分为位置度、同心度、同轴度、对称度、线轮廓度和面轮廓度 6 个项目。

（1）位置度公差

位置度公差是指被测要素所在的实际位置对其理想位置的允许变动量。其理想位置由基准和理论正确尺寸确定。

位置度公差分为点的位置度公差、线的位置度公差和面的位置度公差三种形式。

1）点的位置度公差带定义和标注见表 3.10 的图 1 和图 2。

2）线的位置度公差分为给定一个方向上线的位置度公差、给定两个方向上线的位置度公差和任意方向上线的位置度公差三种形式。给定一个方向上线的位置度公差带定义和标注见表 3.10 的图 3 和图 4；给定两个方向上线的位置度公差带定义和标注见表 3.10 的图 5、图 6 和图 7；任意方向上线的位置度公差带定义和标注见表 3.10 的图 8～图 10。

表 3.10 位置公差带的定义、标注和解释

公差带的定义	标注及解释

1 位置度公差

1.1 点的位置度公差

公差值前加注 $S\phi$，公差带为直径等于公差值 $S\phi t$ 的圆球面所限定的区域。该圆球面中心的理论正确位置由基准 A、B、C 和理论正确尺寸确定（见图 1）

提取（实际）球心应限定在直径等于 $S\phi 0.3$ 的圆球面内。该圆球面的中心由基准平面 A、基准平面 B、基准中心平面 C 和理论正确尺寸 30、25 确定（见图 2）

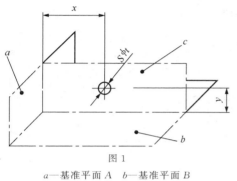

图 1

a—基准平面 A b—基准平面 B
c—基准平面 C

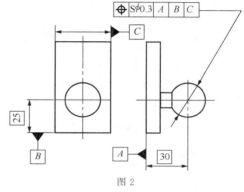

图 2

注：提取（实际）球心的定义尚未标准化。

1.2 线的位置度公差

给定一个方向的公差时，公差带为间距等于公差值 t、对称于线的理论正确位置的两平行平面所限定的区域。线的理论正确位置由基准平面 A、B 和理论正确尺寸确定。公差只在一个方向上给定（见图 3）

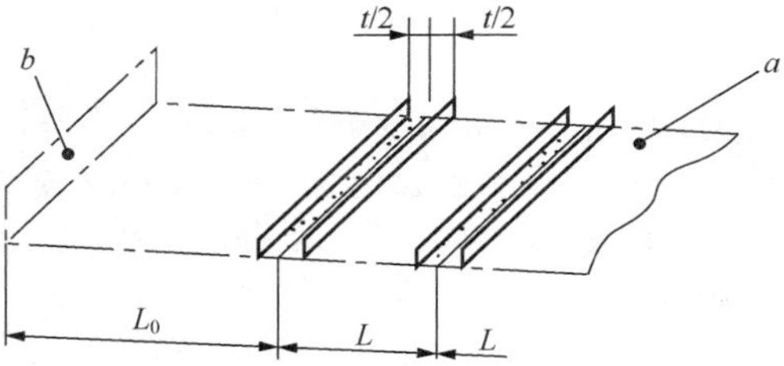

各条刻线的提取（实际）中心线应限定在间距等于 0.1，对称于基准平面 A、B 和理论正确尺寸 25、10 确定的理论正确位置的两平行平面之间（见图 4）

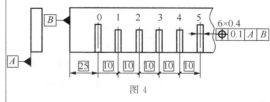

图 3

a—基准平面 A b—基准平面 B

图 4

公差带的定义	标注及解释

1 位置度公差

1.2 线的位置度公差

给定两个方向的公差时，公差带为间距分别等于公差值 t_1 和 t_2，对称于线的理论正确（理想）位置的两对相互垂直的平行平面所限定的区域。线的理论正确位置由基准平面 C、A 和 B 及理论正确尺寸确定。该公差在基准体系的两个方向上给定（见图5、图6）

各孔的测得（实际）中心线在给定方向上应各自限定在间距分别等于 0.1 和 0.2，且相互垂直的两对平行平面内。每对平行平面对称于由基准平面 C、A、B 和理论正确尺寸 20、15、30 确定的各孔轴线的理论正确位置（见图7）

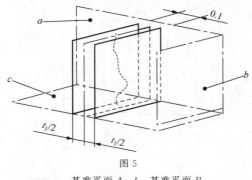

图5

a—基准平面 A　b—基准平面 B

c—基准平面 C

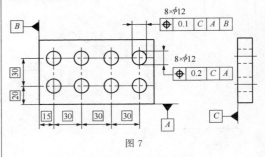

图7

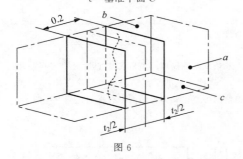

图6

a—基准平面 A　b—基准平面 B　c—基准平面 C

公差值前加注符号 ϕ，公差带为直径等于公差值 ϕt 的圆柱面所限定的区域。该圆柱面的轴线的位置由基准平面 C、A、B 和理论正确尺寸确定（见图8）

提取（实际）中心线应限定在直径等于 $\phi 0.08$ 的圆柱面内。该圆柱面的轴线的位置应处于由基准平面 C、A、B 和理论正确尺寸 100、68 确定的理论正确位置上（见图9）

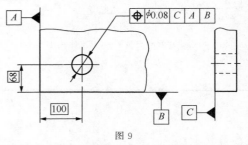

图9

续表

公差带的定义	标注及解释

1 位置度公差

1.2 线的位置度公差

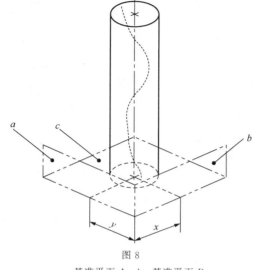

图 8

a—基准平面 *A*　*b*—基准平面 *B*

c—基准平面 *C*

各提取（实际）中心线应各自限定在直径等于 $\phi0.1$ 的圆柱面内。该圆柱面的轴线应处于由基准平面 *C*、*A*、*B* 和理论正确尺寸 20、15、30 确定的各孔轴线的理论正确位置上（见图 10）

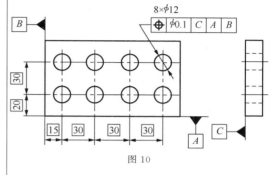

图 10

1.3 轮廓平面或者中心平面的位置度公差

公差带为间距等于公差值 *t*，且对称于被测面理论正确位置两平行平面所限定的区域。面的理论正确位置由基准平面、基准轴线和理论正确尺寸确定（见图 11）

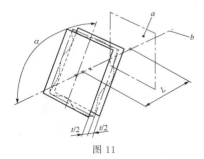

图 11

a—基准平面 *A*　*b*—基准平面 *B*

提取（实际）表面应限定在间距等于 0.05、且对称于被测面的理论正确位置的两平行平面之间。该两平行平面对称于由基准平面 *A*、基准轴线 *B* 和理论正确尺寸 15、105° 确定的被测面的理论正确位置（见图 12）

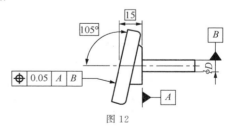

图 12

89

公差带的定义	标注及解释

1 位置度公差

1.3 轮廓平面或者中心平面的位置度公差

提取（实际）中心面应限定在间距等于 0.05 的两平行平面之间。该两平行平面对称于由基准轴线 A 和理论正确角度 45°确定的各被测面的理论正确位置（见图 13）

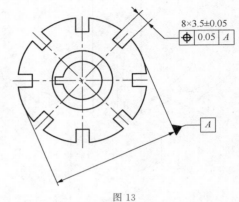

图 13

注：有关 8 个缺口之间理论正确角度的默认规定见 GB/T 13319。

2 同心度和同轴度公差

2.1 点的同心度公差

公差值前标注符号 ϕ，公差带为直径等于公差值 ϕt 的圆周所限定的区域。该圆周的圆心与基准点重合（见图 14）

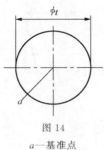

图 14

a—基准点

在任意横截面内，内圆的提取（实际）中心应限定在直径等于 $\phi 0.1$，以基准点 A 为圆心的圆周内（见图 15）

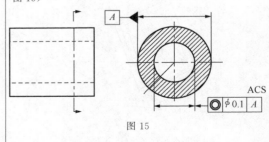

图 15

续表

公差带的定义	标注及解释

2　同心度和同轴度公差

2.2　轴线的同轴度公差

公差值前标注符号 ϕ，公差带为直径等于公差值 ϕt 的圆柱面所限定的区域。该圆柱面的轴线与基准轴线重合（见图16）

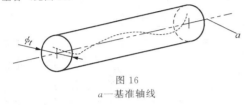

图 16
a—基准轴线

大圆柱面的提取（实际）中心线应限定在直径等于 $\phi0.1$、以公共基准轴线 $A—B$ 为轴线的圆柱面内（见图17）

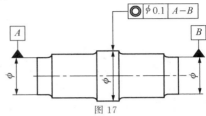

图 17

大圆柱面的提取（实际）中心线应限定在直径等于 $\phi0.1$、以基准轴线 A 为轴线的圆柱面内（见图18）

大圆柱面的提取（实际）中心线应限定在直径等于 $\phi0.1$、以垂直于基准平面 A 的基准轴线 B 为轴线的圆柱面内（见图19）

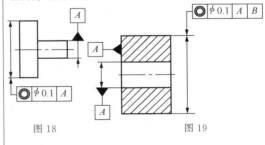

图 18　　　　　图 19

3　对称度公差

3.1　中心平面的对称度公差

公差带为间距等于公差值 t，对称于基准中心平面的两平行平面所限定的区域（见图20）

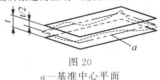

图 20
a—基准中心平面

提取（实际）中心面应限定在间距等于 0.08、对称于基准中心平面 A 的两平行平面之间（见图21）

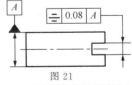

图 21

提取（实际）中心面应限定在间距等于 0.08、对称于公共基准中心平面 $A—B$ 的两平行平面之间（见图22）

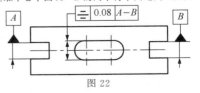

图 22

公差带的定义	标注及解释
4　相对于基准体系的线轮廓度公差	
公差带为直径等于公差值 t、圆心位于由基准平面 A 和基准平面 B 确定的被测要素理论正确几何形状上的一系列圆的两包络线所限定的区域（见图23）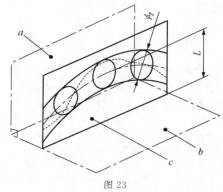 图 23 a—基准平面 A　b—基准平面 B c—平行于基准 A 的平面	在任一平行于图示投影平面的截面内，提取（实际）轮廓线应限定在直径等于 0.04、圆心位于由基准平面 A 和基准平面 B 确定的被测要素理论正确几何形状上的一系列圆的两等距包络线之间（见图24）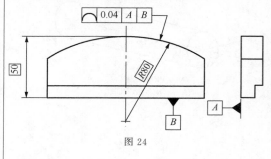 图 24
5　相对于基准的面轮廓度公差	
公差带为直径等于公差值 t、球心位于由基准平面 A 确定的被测要素理论正确几何形状上的一系列圆球的两包络面所限定的区域（见图25）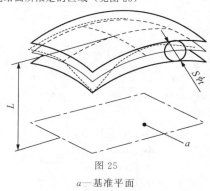 图 25 a—基准平面	提取（实际）轮廓面应限定在直径等于 0.1、球心位于由基准平面 A 确定的被测要素理论正确几何形状上的一系列圆球的两等距包络面之间（见图26）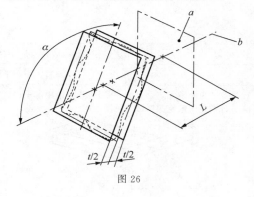 图 26

　　3）面的位置度公差：此时被测要素为平面，即轮廓平面或中心平面。其位置度公差带定义和标注见表3.10的图11、图12和图13。

　　（2）同心度公差和同轴度公差

　　1）同心度公差是指实际被测点对基准点的允许变动量。同心度公差带定义和标注见表3.10的图14和图15。

2）同轴度公差是指实际被测轴线对基准轴线的允许变动量。同轴度公差带定义和标注见表 3.10 的图 16～图 19。

（3）对称度公差

对称度公差是指被测导出要素（中心平面、中心线或轴线）的位置对基准的允许变动量。

中心平面的对称度公差带定义和标注见表 3.10 的图 20～图 22。

（4）轮廓度公差

1）相对于基准体系的线轮廓度公差带定义和标注见表 3.10 的图 23 和图 24。

2）相对于基准的面轮廓度公差带定义和标注见表 3.10 的图 25 和图 26。

4. 跳动公差

跳动公差是提取（实际）要素基准轴线旋转一周或若干次旋转时所允许的最大跳动量。跳动公差涉及的被测要素为圆柱面、圆形端平面、环状端平面、圆锥面和曲面等组成要素（轮廓要素），涉及的基准要素为轴线。

跳动公差按被测要素旋转的情况，可分为圆跳动公差和全跳动公差两个特征项目。

跳动公差的特点是能够综合控制同一被测要素的方位和形状误差。例如，径向圆跳动公差可综合控制同轴度误差和圆度误差；径向全跳动公差可综合控制同轴度误差和圆柱度误差；轴向全跳动公差可综合控制端面对基准轴线的垂直度误差和平面度误差。

（1）圆跳动公差

圆跳动公差是指被测提取（实际）要素在无轴向移动的条件下围绕基准轴线旋转一周时，由位置固定的指示表在给定的测量方向上测得的最大示值与最小示值之差。圆跳动公差适用于被测要素任一不同的测量位置。

圆跳动公差按被测要素的几何特征和测量方向分为径向圆跳动公差、轴向圆跳动公差和斜向圆跳动公差三种形式。

1）径向圆跳动公差带定义和标注见表 3.11 的图 1～图 6。

2）轴向圆跳动公差带定义和标注见表 3.11 的图 7 和图 8。被测要素一般为回转体类零件的端面或台阶面且与基准轴线垂直，测量方向与基准轴线平行。

3）斜向圆跳动公差带定义和标注见表 3.11 的图 9～图 11。被测要素为圆锥面或其他类型的曲线回转面。测量方向除另有规定外，一般应垂直于被测表面。

4）给定方向的斜向圆跳动公差带定义和标注见表 3.11 的图 12 和图 13。

（2）全跳动公差

全跳动公差是指被测提取（实际）要素在无轴向移动的条件下围绕基准轴线连续旋转时，指示表与被测要素作相对直线运动，指示表在给定的测量方向上对该被测要素测得的最大示值与最小示值之差。

全跳动公差按被测要素的几何特征和测量方向分为径向全跳动公差、轴向全跳动公差两种形式。

表 3.11 **跳动公差带的定义、标注和解释**（摘自 GB/T 1182—2008）

公差带的定义	标注及解释
1 圆跳动公差	
1.1 径向圆跳动公差	

公差带为在任一垂直于基准轴线的横截面内，半径差等于公差值 t、圆心在基准轴线上的两同心圆所限定的区域（见图 1）

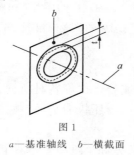

图 1

a—基准轴线　b—横截面

在任一垂直于基准 A 的横截面内，提取（实际）圆应限定在半径差等于 0.1，圆心在基准轴线 A 上的两同心圆之间（见图 2）

在任一平行于基准平面 B、垂直于基准轴线 A 的截面上，提取（实际）圆，应限定在半径差等于 0.1，圆心在基准轴线 A 上的两同心圆之间（见图 3）

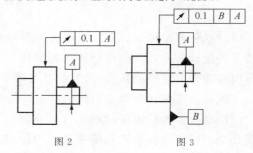

图 2　　　　图 3

圆跳动通常适用于整个要素，但亦可规定只适宜和于局部要素的某一指定部分（标注见图 5）

在任一垂直于公共基准轴线 A—B 的横截面内，提取（实际）圆应限定在半径差等于 0.1，圆心在基准轴线 A—B 上的两同心圆之间（见图 4）

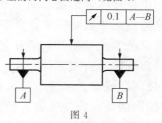

图 4

在任一垂直于基准轴线 A 的横截面内，提取（实际）圆弧应限定在半径差等于 0.2，圆心在基准轴线 A 上的两同心圆弧之间（见图 5 和图 6）

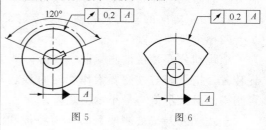

图 5　　　　图 6

续表

公差带的定义	标注及解释

1　圆跳动公差

1.2　轴向圆跳动公差

公差带为与基准轴线同轴的任一半径的圆柱截面上，间距等于公差值 t 的两圆所限定的圆柱面区域（见图 7）

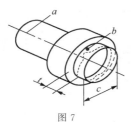

图 7

a—基准轴线　b—公差带　c—任意直径

在与基准轴线 D 同轴的任一圆柱形截面上，提取（实际）圆应限定在轴向距离等于 0.1 的两个等圆之间（见图 8）

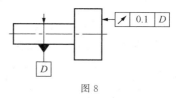

图 8

1.3　斜向圆跳动公差

公差带为与基准轴线同轴的某一圆锥截面上，间距等于公差值 t 的两圆所限定的圆锥面区域（见图 9）

除非另有规定，测量方向应沿被测表面的法向

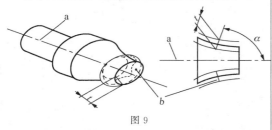

图 9

a—基准轴线　b—公差带

在与基准轴线 C 同轴的任一圆锥截面上，提取（实际）线应限定在素线方向间距等于 0.1 的两不等圆之间（见图 10）

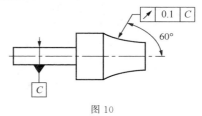

图 10

当标注公差的素线不是直线时，圆锥截面的锥角要随所测圆的实际位置而改变（见图 9 和图 11）

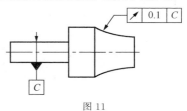

图 11

公差带的定义	标注及解释

1 圆跳动公差

1.4 给定方向的斜向圆跳动公差

公差带为在与基准轴线同轴的、具有给定锥角的任一圆锥截面上，间距等于公差值 t 的两不等圆所限定的区域（见图12）

在与基准轴线 C 同轴且具有给定角度 $60°$ 的任一圆锥截面上，提取（实际）圆应限定在素线方向间距等于 0.1 的两不等圆之间（见图13）

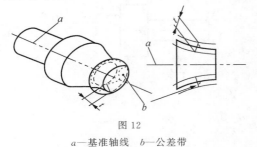

图12

a—基准轴线　b—公差带

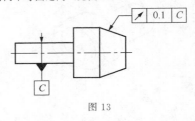

图13

2 全跳动公差

2.1 径向全跳动公差

公差带为半径差等于公差值 t，与基准轴线同轴的两圆柱面所限定的区域（见图14）

提取（实际）表面应限定在半径差等于 0.1，与公共基准轴线 A—B 同轴的两圆柱面之间（见图15）

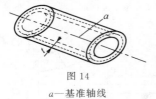

图14

a—基准轴线

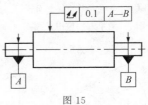

图15

2.2 轴向全跳动公差

公差带为间距等于公差值 t，垂直于基准轴线的平行平面所限定的区域（见图16）

提取（实际）表面应限定在间距等于 0.1、垂直于基准轴线 D 的两平行平面之间（见图17）

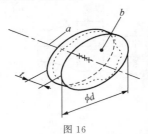

图16

a—基准轴线　b—提取表面

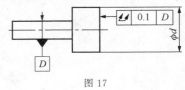

图17

1）径向全跳动公差带定义和标注见表 3.11 的图 14 和图 15。被测要素和测量方向与径向圆跳动相同，不同的是被测要素作若干次连续旋转，同时指示表与零件间有轴向相对移动。

2）轴向全跳动公差带定义和标注见表 3.11 的图 16 和图 17。被测要素和测量方向与轴向圆跳动相同，不同的是被测要素作若干次连续旋转，同时指示表与零件间有径向相对移动。

3.1.3 公差原则的应用

零件上几何要素的实际状态是由要素的尺寸和几何误差综合作用的结果，两者都会影响零件的配合性质，因此在设计和检测时需要明确几何公差与尺寸公差之间的关系。处理几何公差与尺寸公差之间关系的原则称为公差原则。公差原则分为独立原则和相关要求。相关要求又分为包容要求、最大实体要求、最小实体要求和可逆要求。

1. 公差原则的有关术语及定义

（1）作用尺寸

1）体外作用尺寸。即零件装配时起作用的尺寸，由被测要素的实际尺寸和几何误差综合形成。在被测要素的给定长度上，与实际内表面（孔）体外相接的最大理想面或与实际外表面（轴）体外相接的最小理想面的直径或宽度，称为体外作用尺寸。

内表面（孔）的体外作用尺寸以 D_{fe} 表示，外表面（轴）的体外作用尺寸以 d_{fe} 表示，如图 3.30 所示。

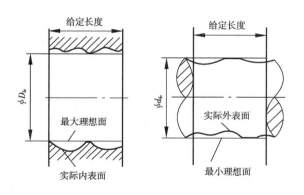

图 3.30　单一要素的体外作用尺寸

对于关联要素，该理想面的轴线或中心平面必须与基准 A 保持图样给定的几何关系，如图 3.31 所示。

2）体内作用尺寸。在被测要素的给定长度上，与实际内表面（孔）体内相接的最小理想面，或与实际外表面（轴）体内相接的最大理想面的直径或宽度，称为体内作用尺寸。

内表面（孔）的体内作用尺寸以 D_{fi} 表示，外表面（轴）的体内作用尺寸以 d_{fi} 表

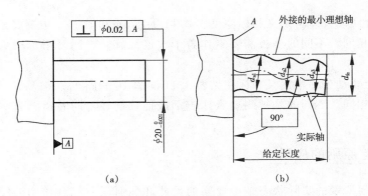

图 3.31　关联要素的体外作用尺寸

示，如图 3.32 所示。

对于单一要素，孔的体内作用尺寸大于该孔的最大局部实际尺寸［图 3.32（a）］，轴的体内作用尺寸小于该轴的最小局部实际尺寸［图 3.32（b）］。

对于关联要素，该理想面的轴线或中心平面必须与基准保持图样给定的几何关系。

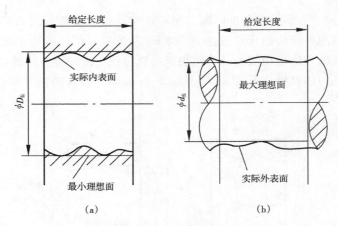

图 3.32　单一要素的体内作用尺寸

（2）最大实体状态和最大实体尺寸

1）最大实体状态（MMC）。假定提取组成要素的局部尺寸处处位于极限尺寸之内，并具有实体最大时的状态。

2）最大实体尺寸（MMS）。确定要素最大实体状态的尺寸。外表面（轴）的最大实体尺寸用符号"d_M"表示，它等于轴的上极限尺寸 d_max；内表面（孔）的最大实体尺寸用符号"D_M"表示，它等于孔的下极限尺寸 D_min。

（3）最小实体状态和最小实体尺寸

1）最小实体状态（LMC）。假定提取组成要素的局部尺寸处处位于极限尺寸之内，并具有实体最小时的状态。

2）最小实体尺寸（LMS）。确定要素最小实体状态的尺寸。外表面（轴）的最小

实体尺寸用符号 "d_L" 表示，它等于轴的下极限尺寸 d_{min}；内表面（孔）的最小实体尺寸用符号 "D_L" 表示，它等于孔的上极限尺寸 D_{max}。

（4）最大实体实效状态和最大实体实效尺寸

1）最大实体实效状态（MMVC）。最大实体实效状态（MMVC）是拟合要素的尺寸为其最大实体实效尺寸（MMVS）时的状态。

2）最大实体实效尺寸（MMVS）。尺寸要素的最大实体尺寸与其导出要素的几何公差（形状、方向或位置）共同作用产生的尺寸为最大实体实效尺寸。

对于外尺寸要素，MMVS＝MMS＋几何公差；对于内尺寸要素，MMVS＝MMS－几何公差。

内表面（孔）用 D_{MV} 表示（见图 3.33），外表面（轴）用 d_{MV} 表示。即

$$D_{MV} = D_M - t = D_{min} - t$$
$$d_{MV} = d_M + t = d_{max} + t(t \text{ 为几何公差})$$

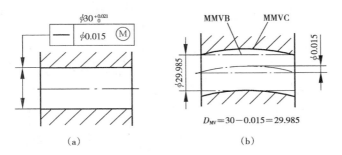

图 3.33　单一要素（孔）的最大实体实效状态和实效尺寸

（5）最小实体实效状态和最小实体实效尺寸

1）最小实体实效状态（LMVC）。最小实体实效状态（LMVC）是拟合要素的尺寸为其最小实体实效尺寸（LMVS）时的状态。

2）最小实体实效尺寸（LMVS）。尺寸要素的最小实体尺寸与其导出要素的几何公差（形状、方向或位置）共同作用产生的尺寸为最小实体实效尺寸。

对于外尺寸要素，LMVS＝LMS－几何公差；对于内尺寸要素，LMVS＝LMS＋几何公差

内表面（孔）用 D_{LV}（见图 3.34）表示，外表面（轴）用 d_{LV} 表示。即

$$D_{LV} = D_L + t = D_{max} + t$$
$$d_{LV} = d_L - t = d_{min} - t$$

（6）边界

设计时给定的、具有理想形状的极限包容面称为边界。极限包容面可以是内表面，也可以是外表面。边界尺寸为极限包容面的直径或距离。单一要素的实效边界没有方向或位置的约束；关联要素的实效边界应与图样上给定的基准保持正确几何关系。

边界用于综合控制实际要素的尺寸和几何误差。根据零件的功能及经济性，可以给出如下边界。

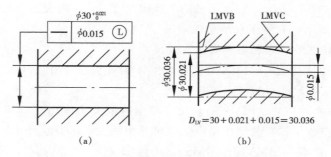

图 3.34 单一要素（孔）的最小实体实效状态和实效尺寸

设计时给定的、具有理想形状的极限包容面称为边界。极限包容面可以是内表面，也可以是外表面。边界尺寸为极限包容面的直径或距离。单一要素的实效边界没有方向或位置的约束；关联要素的实效边界应与图样上给定的基准保持正确几何关系。

1）最大实体边界（MMB）。实际要素处于最大实体状态时的边界称为最大实体边界。最大实体边界的尺寸为最大实体尺寸（见图 3.35）。

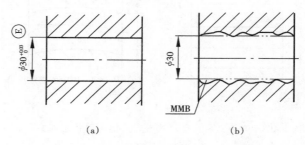

图 3.35 单一要素的最大实体边界

2）最小实体边界（LMB）。实际要素处于最小实体状态时的边界称为最小实体边界。最小实体边界的尺寸为最小实体尺寸（见图 3.36）。

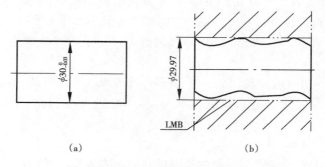

图 3.36 单一要素的最小实体边界

3）最大实体实效边界（MMVB）。实际要素处于最大实体实效状态时的边界称为最大实体实效边界。最大实体实效边界的尺寸为最大实体实效尺寸（见图 3.33）。

4）最小实体实效边界（LMVB）。实际要素处于最小实体实效状态时的边界称为最小实体实效边界。最小实体实效边界尺寸为最小实体实效尺寸（见图 3.34）。

其中，最大实体边界用于包容原则，最大实体实效边界用于最大实体要求，最小实体实效边界用于最小实体要求。

2. 独立原则及其应用

（1）独立原则的含义及特点

图样上给定的每一个尺寸和几何要求（形状、方向或位置要求）均是独立的，应分别满足要求，在图样上不加任何标注。如果对尺寸和几何要求之间的相互关系有特定要求，则应在图样上进行标注规定。

如图 3.37 所示，图样上注出的尺寸要求仅限制轴的局部实际尺寸，即提取圆柱面的局部直径应为 19.96～20mm，线性尺寸公差（0.04mm）不控制提取圆柱面的奇数棱圆度以及提取中心线直线度误差引起的提取圆柱面的素线直线误差。

同样，不论轴的实际尺寸如何变动，轴线直线度误差不得超过 $\phi0.02$mm。

采用独立原则标注具有如下特点：

1）尺寸公差仅控制提取要素的局部实际尺寸，不控制其几何误差。

2）给出的几何公差为定值，不随要素的实际尺寸变化而改变。

3）几何误差的数值采用通用量具测量。

（2）独立原则的应用

对于大多数实际要素，采用独立原则给出尺寸公差和几何公差。应用时注意以下几点：

1）对尺寸公差无严格要求，对几何公差有较高要求时可采用独立原则。例如印刷机的滚筒，重要的是控制其圆柱度误差，以保证印刷时与纸面接触均匀，保证图文清晰，

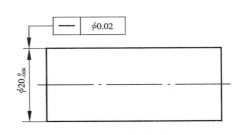

图 3.37 独立原则的图样标注

而滚筒的直径大小对印刷质量影响不大，故可按独立原则给出圆柱度公差，尺寸公差按一般公差处理。

2）为了保证运动精度要求时，可采用独立原则。例如当孔和轴配合后有轴向运动精度和回转精度要求时，除了给出孔和轴的直径公差外，还需给出直线度公差以满足轴向运动精度要求，给出圆度（或圆柱度）公差以满足回转精度要求，并且不允许随着孔和轴的实际尺寸变化而使直线度误差和圆度（或圆柱度）误差超过给定的公差值。这时要求尺寸公差和形状公差相互独立，可采用独立原则。

3）对于非配合要求的要素，采用独立原则。例如各种长度尺寸、退刀槽、间距圆角和测角等。

3. 相关要求及其应用

相关要求是指图样上给定的尺寸公差与几何公差相互有关的公差要求。相关要求

分为包容要求、最大实体要求、最小实体要求和可逆要求。

（1）包容要求

1）包容要求的含义及特点。包容要求是尺寸要素的非理想要素不得违反其最大实体边界（MMB）的一种尺寸要素要求。包容要求仅适用于单一尺寸要素（圆柱表面或两平行对应面），以保证零件的配合性质和公差配置要求，其提取组成要素不得超越其最大实体边界（MMB），其局部尺寸不得超出最小实体尺寸（LMS）。

采用包容要求的尺寸要素应在其尺寸极限偏差或公差带代号之后加注符号Ⓔ，如图 3.38 所示。按此标注表示，提取圆柱面应在其最大实体边界（MMB）之内，此边界的尺寸为最大实体尺寸（MMS）20mm，其局部尺寸不得小于 19.97mm。提取圆柱面在其最大实体边界内可呈任意纵截面形状及横截面形状。它反映了尺寸公差与几何公差之间的补偿关系。

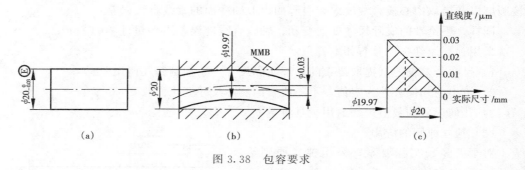

图 3.38　包容要求

可见，采用包容要求时，尺寸公差不仅限制了要素的实际尺寸，还控制了要素的形状误差。例如图 3.38（a）的轴按包容要求给出了尺寸公差。其表达的含义如下：

① 当轴的直径均为最大实体尺寸 $\phi20$mm 时，轴的直线度误差应为零。

② 当轴的直径均为最小实体尺寸 $\phi19.97$mm 时，允许轴具有不超过 $\phi0.03$mm 的直线度误差，如图 3.38（b）所示。

③ 轴的局部实际尺寸可在 $\phi19.97\sim20$mm 之间变动。

表 3.12 与图 3.38（c）相对应列出了轴为不同实际尺寸所允许的几何误差值。

表 3.12　包容要求的实际尺寸及允许的几何误差　　　　　（单位：mm）

被测要素实际尺寸	被测要素边界尺寸	允许的直线度误差 给定值＋被测要素补偿值
$\phi20$	$\phi20$	$\phi0＋0$
$\phi19.99$		$\phi0＋0.01$
$\phi19.98$		$\phi0＋0.02$
$\phi19.97$		$\phi0＋0.03$

2）包容要求的应用。包容要求常常应用于要求保证配合性质的场合。例如，$\phi25H7\left({}^{+0.021}_{0}\right)$Ⓔ孔与 $\phi25h6\left({}^{0}_{-0.013}\right)$Ⓔ轴的间隙配合中，所需要的间隙是通过孔和轴各

自遵守最大实体边界来保证的，这样能够保证预定的最小间隙等于零，避免了因孔和轴的形状误差而产生过盈。

（2）最大实体要求。

1）最大实体要求的含义及特点。尺寸要素的非理想要素不得违反其最大实体实效状态（MMVC）的一种尺寸要素要求，亦即尺寸要素的非理想要素不得超越其最大实体实效边界（MMVB）的一种尺寸要素要求，称之为最大实体要求（MMR），在图样标注中，其符号为Ⓜ。应用于被测要素时，在被测要素几何公差框格公差值后标注Ⓜ，如图3.39（a）所示；应用于基准要素时，在几何公差框格基准字母后应加注Ⓜ如图3.39（b）所示。

① 最大实体要求应用于注有公差的要素，GB/T 16671—2009规定，对尺寸要素的表面应遵守如下规则：

a. 注有公差的要素的局部尺寸提取。对于外尺寸要素，应等于或小于最大实体尺寸（MMS）；对于内尺寸要素，应等于或大于最大实体尺寸（MMS）。

b. 注有公差的要素的局部尺寸提取。对于外尺寸要素，应等于或大于最小实体尺寸（LMS）；对于内尺寸要素，应等于或小于最小实体尺寸（LMS）。

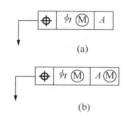

图 3.39　最大实体要求
符号及标注

c. 注有公差的要素的提取组成要素不得违反其最大实体实效状态（MMVC）或其最大实体实效边界（MMVB）。

d. 当一个以上注有公差的要素用同一公差标注，或者是注有公差的要素的导出要素标注方向或位置公差时，其最大实体实效状态或最大实体实效边界要与各自基准的理论正确方向或位置相一致。

② 最大实体实效要求应用于基准要素时，对基准要素的表面应遵守如下的规则：

a. 基准要素的提取组成要素不得违反基准要素的最大实体实效状态（MMVC）或最大实体实效边界（MMVB）。

b. 当基准要素的导出要素没有标注几何公差要求，或者注有几何公差但其后没有符号时Ⓜ，基准要素的最大实体实效尺寸（MMVS）为最大实体尺寸（MMS）。

c. 当基准要素的导出要素注有形状公差，且其后有符号Ⓜ时，基准要素的最大实体实效尺寸由 MMS 加上（对外部要素）或减去（对内部要素）该形状公差值。

【例 3.1】 最大实体要求用于被测要素分析。

图 3.40（a）表示轴 $\phi 20_{-0.3}^{0}$ 的轴线直线度公差采用最大实体要求的原则给出。当被测要素处于最大实体状态时，其轴线直线度公差为 $\phi 0.1\text{mm}$，则轴的最大实体实效尺寸 $d_{MV}=20\text{mm}+0.1\text{mm}=20.1\text{mm}$。根据最大实体实效尺寸 d_{MV}，可确定最大实体实效边界，该边界是一个直径为20.1mm的理想圆柱孔。

分析如下：

1）当轴处于最大实体状态时，允许轴线的直线度误差不超过给定的公差值 0.1mm，如图3.40（b）所示。

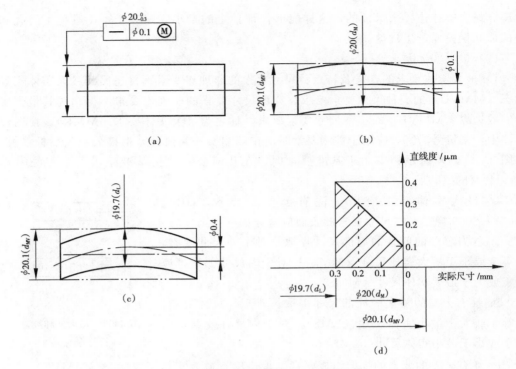

图 3.40　最大实体要求用于被测要素

2）当轴的尺寸偏离最大实体尺寸，为 19.9mm 时，偏离量 0.1mm 可补偿给直线度公差，允许轴线的直线度误差为 0.2mm，即为给定的公差值 0.1mm 与偏离量 0.1mm 之和。

3）当轴的尺寸为最小实体尺寸 19.7mm 时，偏离量达到最大值（等于尺寸公差 0.3mm），这时允许轴线的直线度误差为给定的直线度公差 0.1mm 与尺寸公差 0.3mm 之和，即为 0.4mm，如图 3.40（c）所示。

4）轴的实际尺寸必须在 19.7～20mm 之间。

表 3.13 与图 3.40（d）相对应地列出了该轴为不同实际尺寸时所允许的几何误差值。

表 3.13　最大实体要求用于被测要素时的实际尺寸及允许的几何误差　（单位：mm）

被测要素实际尺寸	被测要素边界尺寸	允许的直线度误差 给定值＋被测要素补偿值
$\phi 20$		$\phi 0.1+0$
$\phi 19.9$	$\phi 20.1$	$\phi 0.1+0.1$
$\phi 19.8$		$\phi 0.1+0.2$
$\phi 19.7$		$\phi 0.1+0.3$

2）最大实体要求的应用。最大实体要求与包容要求相比，可得到较大的尺寸制造

公差和几何制造公差，具有良好的工艺性和经济性。因此，最大实体要求，一方面可用于零件尺寸精度和几何精度较低、配合性质要求不严的情况，另一方面可用于要求保证自由装配的情况。例如盖板、箱体及法兰盘上孔系的位置度等。

（3）最小实体要求

尺寸要素的非理想要素不得违反其最小实体实效状态（LMVC）的一种尺寸要素要求，亦即尺寸要素的非理想要素不得超越其最小实体实效边界（LMVB）的一种尺寸要素要求，称之为最小实体要求（LMR），在图样标注中其符号为Ⓛ。应用于被测要素时，在被测要素几何公差框格公差值后标注Ⓛ，如图 3.41（a）所示；应用于基准要素时，在图样上用符号标注在基准字母之后，如图 3.41（b）所示。

(a)   (b)

图 3.41　最小实体要求符号及标注

1）最小实体要求（LMR）用于注有公差的要素时，对尺寸要素的表面应遵循如下规则：

① 注有公差的要素的局部尺寸提取。对于外尺寸要素，应等于或大于最小实体尺寸（LMS）；对于内尺寸要素，应等于或小于最小实体尺寸（LMS）。

② 注有公差的要素的局部尺寸提取。对于外尺寸要素，应等于或小于最大实体尺寸（MMS）；对于内尺寸要素，应等于或大于最大实体尺寸（MMS）。

③ 注有公差的要素的组成要素提取不得违反其最小实体实效状态（LMVC）或其最小实体实效边界（LMVB）。

④ 当一个以上注有公差的要素用同一公差标注，或者是注有公差的要素的导出要素标注方向或位置公差时，其最小实体实效状态或最小实体实效边界要与各自基准的理论正确方向或位置相一致。

2）最小实体要求应用于基准要素时，对基准要素的表面应遵守以下规则：

① 基准要素的提取组成要素不得违反基准要素的最小实体实效状态（LMVC）或最小实体实效边界（LMVB）。

② 当基准要素的导出要素没有标注几何公差要求，或者注有几何公差但其后没有符号时，基准要素的最小实体实效尺寸（LMVS）为最小实体尺寸（LMS）。

③ 当基准要素的导出要素注有形状公差，且其后有符号Ⓛ时，基准要素的最小实体实效尺寸由 LMS 减去（对外部要素）或加上（对内部要素）该形状公差值。

（4）可逆要求

可逆要求（RPR）是最大实体要求（MMR）或最小实体要求（LMR）的附加要求，表示尺寸公差可以在实际几何误差小于几何公差之间的差值范围内增大。可逆要求不能独立应用，应当与最大实体要求或最小实体要求一起应用，且不能用于基准要素，只能用于被测要素。可逆要求与在最大实体状态（MMC）或最小实体状态

（LMC）下的零几何公差所表达的设计意图是相同的。

应用可逆要求时，图样中给出的几何公差值是动态公差，尺寸公差是与几何误差有关的且随几何误差值的减小而增大，即允许几何误差补偿尺寸公差。

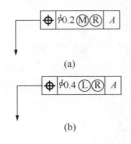

图 3.42　可逆要求的标注

可逆要求的符号为Ⓡ。在图样上可逆要求的标注方法是将Ⓡ置于被测要素框格内的几何公差值后的符号Ⓜ或Ⓛ的后面，如图 3.42 所示。此时被测要素应遵守最大实体实效边界（MMVB）或最小实体实效边界（LMVB）。

框格内加注ⓂⓇ表示被测要素的实际尺寸可在最小实体尺寸（LMS）和最大实体实效尺寸（MMVS）之间变动。

框格内加注ⓁⓇ表示被测要素的实际尺寸可在最大实体尺寸（MMS）和最小实体实效尺寸（LMVS）之间变动。

可逆要求用于最大实体要求或最小实体要求时，并不改变它们原有含义（MMVC 或 LMVC 的极限边界），但在几何误差值小于图样给出的几何公差值时，允许尺寸公差增大，这样可为根据零件功能分配尺寸公差和几何公差提供方便。

可逆要求仅用于注有公差的要素，在最大实体要求（MMR）或最小实体要求（LMR）附加可逆要求（RPR）后，改变了尺寸要素的尺寸公差，用可逆要求（RPR）可以充分利用最大实体实效状态（MMVC）和最小实体实效状态（LMVC）的尺寸，在制造可能性的基础上，可逆要求（RPR）允许尺寸和几何公差之间相互补偿。

【例 3.2】　图 3.43（a）所示的轴，是可逆要求用于最大实体要求的标注实例。分析如下：

1）当轴的实际尺寸偏离最大实体尺寸 20mm 时，允许其轴线的直线度误差增大（遵守最大实体要求）。

2）轴的直线度误差小于 0.1mm 时，也允许轴的直径增大。例如当轴的直线度误差为零时，轴的实际尺寸可增至 20.1mm，如图 3.43（b）所示。

3）轴的实际尺寸应在 19.7～20.1mm 之间变动，区间 20～20.1mm 是有条件的。

图 3.43（e）是其动态公差图。相应的数据列于表 3.14。

表 3.14　可逆要求用于最大实体要求时的
实际尺寸及允许的形位误差　　　　　　（单位：mm）

被测要素实际尺寸	被测要素边界尺寸	允许的直线度误差 给定值＋被测要素补偿值
$\phi 19.7$		$\phi 0.1 + 0.3$
$\phi 19.8$		$\phi 0.1 + 0.2$
$\phi 20$	$\phi 20.1$	$\phi 0.1 + 0$
$\phi 20.1$		$\phi 0 + 0$

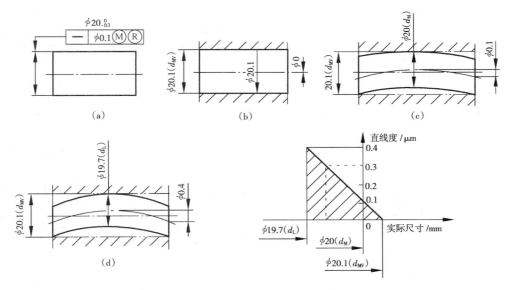

图 3.43　可逆要求用于最大实体要求

几何公差的选择

　　凡零件图样上的几何要素都有几何公差要求，可分为标注几何公差和未注几何公差。为了简化图样，对一般中等制造精度的机床所能达到的几何公差值，可不必标注。而在许多情况下，为了保证零件的功能要求，提高加工经济效益，必须正确地选择几何公差并标注。几何公差的选择包括公差项目、基准要素、公差等级（几何公差值）和公差原则的选择。

　　1. 几何公差项目的选择

　　几何公差项目的选择，取决于零件的几何特征与使用要求，同时还要考虑检测的方便性。

　　（1）考虑零件的几何特征

　　零件的几何形状特征是选择被测要素公差项目的基本依据。例如，圆柱形零件可选择圆柱度，平面零件可选择平面度，槽类零件可选择对称度，阶梯孔、轴可选择同轴度，凸轮类零件可选择轮廓度等。

　　（2）考虑零件的功能要求

　　根据零件不同的功能要求，选择不同的几何公差项目。例如，齿轮箱两孔轴线的不平行，将影响正常啮合，降低承载能力，故应选择平行度公差项目。为了保证机床工作台或刀架运动轨迹的精度，需要对导轨提出直线度公差要求等。

　　（3）考虑检测的方便性

　　当同样满足零件的使用要求时，应选用检测简便的项目。例如，同轴度公差常常被径向圆跳动公差或径向全跳动公差代替，端面对轴线的垂直度公差可以用端面圆跳动公差或端面全跳动公差代替。因为跳动公差检测方便，而且与工作状态比较吻合。但应注意，径向全跳动是同轴度误差与圆柱面形状误差的综合结果，故当同轴度由径向全跳动代替时，给出的跳动公差值应略大于同轴度公差值，否则会要求过严。

2. 基准要素的选择

基准要素的选择包括基准部位的选择、基准数量的确定、基准顺序的合理安排。

（1）基准部位的选择

选择基准时，主要应根据设计和使用要求，考虑基准统一原则和结构特征。具体应考虑如下几点：

1）选用零件在机器中的定位面作为基准部位。例如，箱体的底平面和侧面、盘类零件的轴线、回转零件的支承轴颈或支承孔等。

2）基准要素应具有足够的大小和刚度，以保证定位稳定可靠。例如，用两条或两条以上相距较远的轴线组合成公共基准轴线比单一基准轴线要稳定。

3）选用加工比较精确的表面作为基准部位。

4）尽量使装配、加工和检测基准统一。这样，既可以消除因基准不统一而产生的误差，也可以简化夹具、量具的设计与制造，且测量方便。

（2）基准数量的确定

一般来说，应根据公差项目的定向、定位几何功能要求来确定基准的数量。定向公差大多只要一个基准，而定位公差则需要一个或多个基准。例如，对于平行度、垂直度、同轴度公差项目，一般只用一个平面或一条轴线做基准要素；对于位置度公差项目，需要确定孔系的位置精度，就可能要用到两个或三个基准要素。

（3）基准顺序的安排

当选用两个以上基准要素时，就要明确基准要素的次序，并按第一、二、三的顺序写在公差框格中，第一基准要素是主要的，第二基准要素次之。

3. 公差等级的选择

公差等级的选择实质上就是对几何公差值的选择。国家标准 GB/T 1184—1996，除线轮廓度、面轮廓度和位置度外，对其余 11 项均规定了公差等级。对圆度和圆柱度划分为 13 级，从 0～12 级。对其余公差项目划分为 12 级，从 1～12 级。精度等级依次降低，12 级精度等级最低。

几何公差等级的选择原则与尺寸公差选择原则一样，在满足零件功能要求的前提下，尽量选用较低的公差等级。选择方法常采用类比法。

确定几何公差值时，应考虑以下几个问题：

（1）几何公差和尺寸公差的关系

通常，同一要素的形状公差、位置公差和尺寸公差应满足关系式

$$t_{形状} < t_{位置} < t_{尺寸}$$

（2）有配合要求时形状公差与尺寸公差的关系

有配合要求并要严格保证其配合性质的要素，应采用包容要求。在工艺上，其形状公差大多数按分割尺寸公差的百分比来确定，即

$$t_{形状} = kt_{尺寸}$$

在常用尺寸公差 IT5～IT8 的范围内，k 通常可取 $25\% \sim 65\%$。

（3）形状公差与表面粗糙度的关系

一般情况下，表面粗糙度的 R_a 值约占形状公差值的 $10\% \sim 20\%$。

（4）考虑零件的结构特点

对于结构复杂、刚性较差或不易加工和测量的零件，如细长轴、薄壁件等，在满足零件功能要求的前提下，可适当选用低 1～2 级的公差值。

4. 公差原则的选择

选择公差原则应根据被测要素的功能要求，充分发挥公差的职能和采取该公差原则的可行性和经济性。

独立原则主要用于尺寸精度与几何精度要求相差较大，需分别满足要求；或两者无联系，保证运动精度、密封性、未注公差等场合。包容要求用于需要严格保证配合性质的场合。最大实体要求用于中心要素，一般用于相配件要求为可装配性（无配合性质要求）的场合。最小实体要求主要用于需要保证零件强度和最小壁厚等场合。可逆要求与最大（最小）实体要求联合使用，扩大了被测要素实际尺寸的范围，提高了经济效益，在不影响使用性能的前提下可以选用。

3.1.5 几何误差的检测方法

由于几何误差项目较多，实际零件的结构形式多种多样，因此实际生产中的检测方法也多种多样。为了能够获得合理正确的检测效果，国家标准《产品几何技术规范（GPS）形状和位置公差检测规定》（GB/T 1958—2004）将常用的各种测量方法概括为以下五种检测原则。

1. 几何误差的检测原则

（1）与理想要素比较原则

这一原则是将被测实际要素与其理想要素相比较，可以直接获得测量值，也可以间接获得。

测量中，理想要素用模拟方法来体现。如平板、平台、水平面等作为理想平面；一束光线、拉紧的钢丝、刀口尺的刀口等作为理想直线；轮廓样板作为线、面理想轮廓等。测量时，被测要素上各测点相对于测量基准的量值，通过测量直接获得时，称为直接法。

图 3.44 所示为采用指示器相对于平板平面度误差测量的示例。先将被测零件用支承置于平板上，以平板工作面作为测量基准，调整被测要素上相距最远三点相对于测

量基准等高，指示器在被测要素上按预定的布点进行测量，测得的最大与最小读数的代数差为按三点法评定的平面度误差。

但是有的测量方法，对被测要素上各点相对于测量基准的量值只能间接获取，称为间接法。图 3.45 为采用自准直仪利用光轴进行直线度误差测量的示意图。将自准仪放置在被测要素以外的基座上，以光轴（一束光线）作为测量基准，反射镜放在桥板上，并将桥板放置在被测要素上。测量时，先将反射镜置于被测要素的两端，调整自准仪的位置，使其光轴与两端点连线大致平行，因被测要素理想直线的位置要通过测量后才能确定；然后将反射镜沿被测要素等距离移动，测得各测量点的读数。此时被测要素的直线度误差要通过对测得数据进行处理，用计算法或图解法，按最小条件计算间接获得。

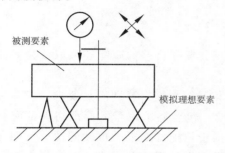

图 3.44　直接法模拟理想要素

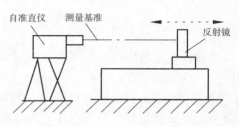

图 3.45　间接法模拟理想要素

对于采用间接测量而言，模拟理想要素在测量中作为被测要素实际形位状况的评定基准。

（2）测量坐标值原则

它是测量被测实际要素的坐标值（如直角坐标值、极坐标值、圆柱面坐标值等），并经过数据处理来获得几何误差值的测量原则。图 3.46 所示为采用坐标测量装置测量被测圆度误差的示例。

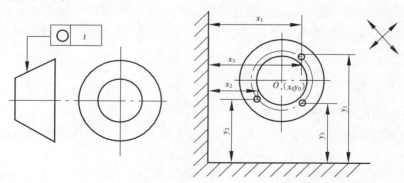

图 3.46　采用直角坐标测量装置测量圆度误差

将被测零件放在测量仪上，并调整零件的轴线，使它平行于坐标轴 z（图上未注出），然后在同一截面内，按一定布点测出坐标值 x_i、y_i（$i=1$，2，3，…），根据上述方法按需要测量若干截面。先假设一圆心 O 坐标（x_0、y_0），由两点间的距离计算测得

的坐标值至圆心的距离 R_i 为

$$R_i = \sqrt{(x_i - x_0)^2 + (y_i - y_0)^2}$$

R_i 中必有 R_{max} 和 R_{min}，则每一截面圆度误差为 $f = R_{max} - R_{min}$。取其中最大的误差值，即为该零件的圆度误差。

（3）测量特征参数原则

它是测量被测实际要素上具有代表性的参数（特征参数），来表示形状误差值的测量原则。在一个横截面内的几个方向上测量直径，取最大直径差值的一半，作为该截面内的圆度误差值（见表 3.15）。

这是一种近似评定几何误差的检测原则，但该原则的检测方法简易，无繁琐的数据处理，在车间条件下较为适用。因此，在不影响使用功能前提下，允许采用该原则检测形位误差，经济性能好。

（4）测量跳动原则

它是按被测实际要素绕基准轴线回转过程中，沿给定方向测量其对某参考点或线的变动量的测量原则。用 V 形架模拟基准轴线，并对零件轴向定位，测量被测要素在回转过程中于横截面内相对于某一参考点的变化状况，变化值由指示器读出。当被测要素回转一周中，指示器的最大、最小读数之差就是径向圆跳动量（见表 3.15）。

测量跳动原则一般用于测量跳动误差。但在某些条件下，也可用于代替跳动公差所综合控制的一些几何误差项目的测量。如以径向圆跳动测量来代替同轴度、圆度的测量；径向全跳动测量代替圆柱度的测量等。

（5）控制实效边界原则

它是检验被测实际要素是否超过实效边界，以判断合格与否的测量原则。

该原则只适用图样上采用最大实体原则的场合，即几何公差框格公差值后或基准字母后标注Ⓜ之处。一般用综合量规来检验。综合量规的基本尺寸按被测要素的实效边界来决定，当被测要素的几何误差符合要求便能使综合量规通过；反之，当被测要素超越实效边界就不能使综合量规通过，表示被测要素不合格。

图 3.47 所示为采用综合量规检验同轴度的示例。被测孔 D_2 对基准孔 D_1 有同轴度要求，同轴度公差按最大实体原则标注［图 3.47（a）］，该零件采用综合量规检验［图 3.47（b）］。合格零件使综合量规所通过，表示被测零件的同轴度符合设计要求。综合量规各直径的基本尺寸，分别为基准孔的最大实体尺寸和被测孔的实效尺寸。因此，采用综合量规检验被测要素，实际上就是控制被测要素的实效边界。

2．形状误差的评定准则

（1）最小条件准则

被测实际要素与其理想要素进行比较时，理想要素相对于实际要素的位置不同，评定的形状误差值也不同。为了使评定结果唯一，国家标准规定，最小条件是评定形状误差的基本准则。所谓最小条件就是被测实际要素对其理想要素的最大变动量为最小。

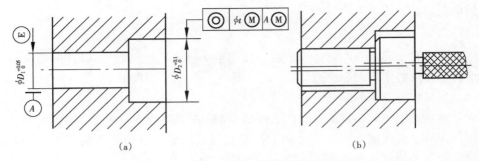

图 3.47　采用综合量规检测同轴度的示例

如图 3.48 所示，h_1、h_2、h_3 被测实际要素是相对于理想要素处于不同位置 $A-A$、$B-B$、$C-C$ 所得到的各个最大变动量，其中 h_1 为各个最大变动量中的最小值，即 $h_1 < h_2 < h_3$，那么 h_1 就是其直线度误差值，$N-N$ 就是符合最小条件的理想要素。因此，评定形状误差时，理想要素的位置应符合最小条件，以便得到唯一的最小的误差值。

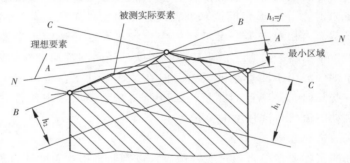

图 3.48　评定形状误差的最小条件

（2）最小区域法

最小区域法实质上是最小条件的具体体现，它是评定被测实际要素形状误差的基本方法。最小区域是指包容被测实际要素，且具有最小宽度 f 或直径 ϕf 的区域。

形状误差值可用最小包容区域（简称最小区域）的宽度或直径表示。最小区域是指包容被测实际要素，且具有最小宽度 f 或直径 ϕf 表示的区域。最小包容区的形状与其相应的公差带的形状相同。以给定平面内的直线度为例，如图 3.48 所示，被测要素的理想要素为直线，其位置有三种情况。根据最小条件的要求，$A-A$ 位置时两平行直线之间的包容区域宽度最小，故取 h_1 为直线度误差。这种评定形状误差的方法称为最小区域法。评定圆度误差时，包容区为两同心圆之间的区域，实际圆应至少有内、外交替的四点与两包容圆接触，这个包容区就是最小包容区，如图 3.49 所示。

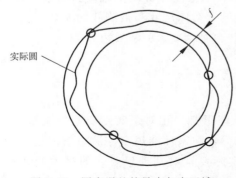

图 3.49　圆度误差的最小包容区域

用最小区域法评定形状误差有时比较困难，在实际工作中允许采用其他的评定方法，得出的形状误差值比用最小区域法评定的误差值稍大，只要误差值不大于图样上给出的公差值，就一定能满足要求，否则就应按最小区域法评定后进行合格性判断。

3. 几何误差检测方法

几何公差的测量方法和检测项目种类繁多，现将常用检测方法和检测项目列于表 3.15。

表 3.15　常用检测方法和检测项目

检测项目	检测图例	检测方法说明
（一）直线度	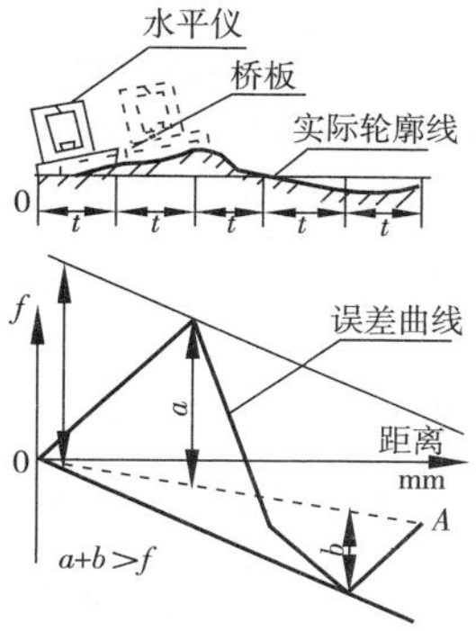	图中 f 为其直线度误差 必须指出：由于纵横坐标比例不同，误差曲线实际上是变了形的实际轮廓线，所以误差值不能沿平行线垂直方向量取，一般沿纵坐标方向量取 f，这与实际相差甚微。如以误差曲线两端点连线 OA 作为基准来评定误差，这就是端点连线法。显然，用两端点连线法评定的误差比用最小区域法评定的要大，但比较简便
（二）平面度	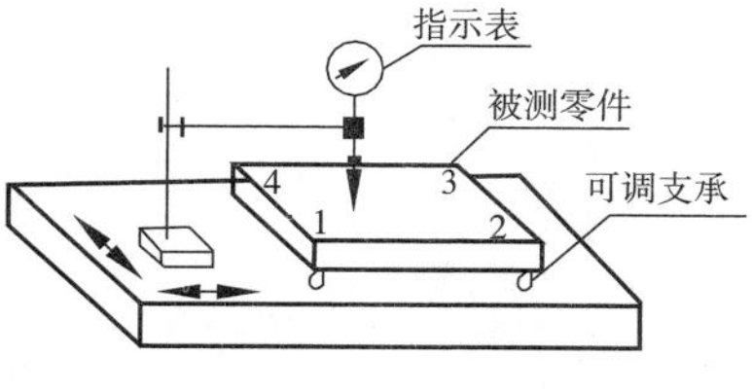	1. 较小平面采用平面干涉法测量 2. 一般平面可支承在平板上，调整支承，使被测表面对角线二端点 1 与 3、2 与 4 分别等高，指示表最大与最小读数的差值近似地作为平面度误差，必要时可按最小条件求出其平面度误差。此外还可用水平仪、准直仪、平面干涉仪等测量
（三）圆度	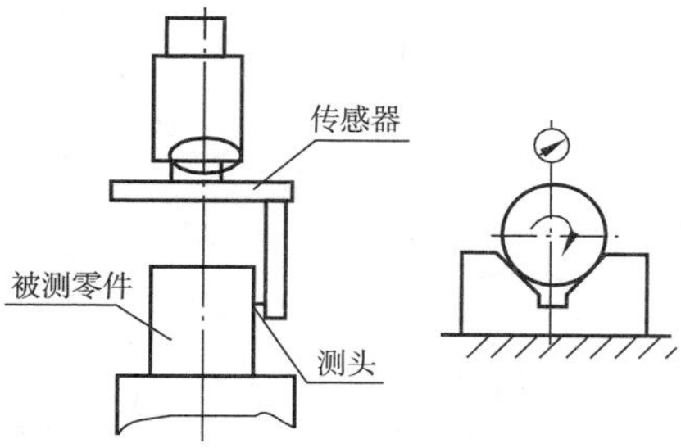	1. 用圆度仪测量：测量时传感器的测头始终接触被测零件，并绕其旋转一周，在坐标纸上自动描绘出放大的实际轮廓。一般用有机玻璃的同心圆板，按最小条件评定其圆度误差值 2. 采用近似测量方法，如两点法：用千分尺等量出同一截面最大与最小直径，其差的半值即为该截面的圆度误差，取各截面中最大误差值作为该零件的圆度误差
（四）圆柱度	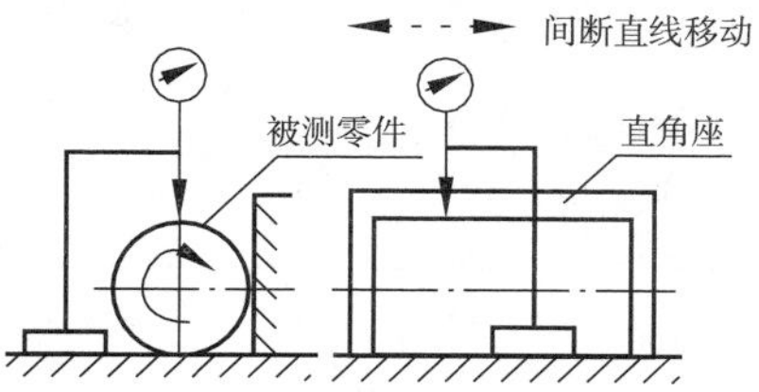	1. 用三坐标测量机测量 2. 采用近似测量方法，被测零件放在 V 形铁或直角座上测量

检测项目	检测图例	检测方法说明
（五）线轮廓度		一般用样板，投影仪检测。用样板测量，根据光隙大小估读，取最大间隙作为该零件的线轮廓度误差。此外还可用坐标测量装置或仿形测量装置测量
（六）面轮廓度		一般用截面轮廓样板检测，也可用三坐标测量装置或仿形测量装置测量
（七）平行度		1. 面对面 将被测零件的基准表面放在平板上，在被测表面范围内，指示表最大与最小读数之差为平行度误差
		2. 线对面 被测轴线由心轴（可胀式或与孔成无间隙配合式）模拟。在测量距离为 L_2 的两个位置上测得的读数分别为 M_1 和 M_2，则平行度误差为 $$f = \frac{L_1}{L_2} \mid M_1 - M_2 \mid$$ 式中，L_1 为被测轴线的长度
（八）垂直度		1. 面对面 将被测零件的基准面固定在直角座上。同时调整靠近基准的被测表面的读数差为最小值，取指示表在整个被测表面测得的最大与最小读数之差作为其垂直度误差

检测项目	检测图例	检测方法说明
（八）垂直度		2. 线对面 在给定方向上测量距离为 L_2 的两个位置，测得 M_1 和 M_2 及相应的轴径 d_1 和 d_2，则在该方向上的垂直度误差为 $$f=\frac{L_1}{L_2}\left\lvert (M_1-M_2)+\frac{d_1-d_2}{2}\right\rvert$$ 式中，L_1 为被测轴线的长度
（九）倾斜度		将被测零件放在定角座（或正弦尺）上，调整被测件，使整个被测表面的读数差为最小值。此时，指示表的最大与最小读数之差作为其倾斜度误差
（十）同轴度		基准轴线由 V 形块模拟。将两指示表分别在铅垂轴向截面调零。先在轴向截面上测量。各对应点的读数差值｜M_a-M_b｜中最大值为该截面上的同轴度误差。然后转动被测零件测量若干截面，取各截面测得的读数差中最大值（绝对值）作为该零件的同轴度误差。此法适用于测量形状误差较小的零件，此外，还可用圆度仪，三坐标测量机按定义测量或用同轴度量规检测
（十一）对称度		先测量被测表面与平板之间的距离，然后将被测件翻转后，测量另一被测表面与平板之间的距离。取测量截面内对应两测点的最大差值作为对称度误差
（十二）位置度		1. 线位置度 按基准顺序调整被测零件，使其与测量装置的坐标方向一致。将心轴插入被测孔中，测量心轴相对基准的坐标尺寸 x_1、x_2、y_1、y_2，则孔的实际坐标尺寸为 $x=\dfrac{x_1+x_2}{2}$、$y=\dfrac{y_1+y_2}{2}$，将 x、y 分别与相应的理论正确尺寸比较，得到 f_x 和 f_y，则位置度误差为 $f=2\sqrt{f_x^2+f_y^2}$，然后把被测件翻转，重复上述测量。取其中较大的误差值作为该零件的位置度误差

检测项目	检测图例	检测方法说明
（十二）位置度		2. 面位置度 　指示表按专用的标准零件调零，然后调整被测零件在专用测量支架上的位置，使指示表的读数为最小。在整个被测表面上测量，将指示表读数的最大值（绝对值）乘以 2，作为该零件的位置度误差。
（十三）圆跳动		1. 径向圆跳动 　基准轴线由两同轴顶尖模拟。被测件回转一周，指示表读数最大差值为单个测量平面上的径向跳动；以各个测量平面测得的跳动量中的最大值作为该零件的径向圆跳动
		2. 端面圆跳动 　基准轴线由 V 形块模拟。被测零件由 V 形块支承，并在轴向定位。被测零件回转一周，指示表读数的最大差值为单个测量圆柱面上的端面圆跳动；以各个测量圆柱面上测得的跳动量中的最大值为该零件的端面圆跳动
（十四）全跳动		将被测零件固定在两同轴导向套筒内，同时轴向定位并调整该对套筒，使其与平板平行；在被测零件连续回转过程中，同时让指示表沿基准轴线方向作直线运动，指示表读数最大差值即为该零件的径向全跳动

3.2　项目实施：几何公差标注

3.2.1　减速器输出轴几何公差分析及标注

　　图 3.1 所示为减速器的输出轴，根据对该轴的功能要求，给出几何公差。

　　1）两个 $\phi55k6$ 轴颈，与 P0 级滚动轴承内圈配合，为了保证配合性质，故采用包容要求；按《滚动轴承与轴和外壳孔的配合》（GB/T 275—1993）规定，与 P0 级轴承配合的轴颈，为保证轴承套圈的几何精度，在遵守包容要求的情况下进一步提出圆柱度公差为 0.005mm 的要求；该两轴颈安装上滚动轴承后，将分别与减速箱体的两孔配合，需限制两轴颈的同轴度误差，以免影响轴承外圈和箱体孔的配合，故又提出了两轴颈径向圆跳动公差 0.025mm（相当于 7 级）。

2）ϕ62 处左、右两轴肩为齿轮、轴承的定位面，应与轴线垂直，参考 GB/T 275—1993 的规定，提出两轴肩相对于基准轴线 A—B 的端面圆跳动公差 0.015mm。

3）ϕ56k6 和 ϕ45m6 分别与齿轮和带轮配合，为保证配合性质，也采用包容要求；为保证齿轮的正确啮合，对 ϕ56k6 圆柱还提出了对基准 A—B 的径向圆跳动公差 0.025mm。

4）键槽对称度常用 7～9 级，此处选 8 级，查表为 0.02mm。

3.2.2 典型零件几何公差分析及标注

（1）定位销轴零件几何公差分析

图 3.50 所示为定位销轴零件图。

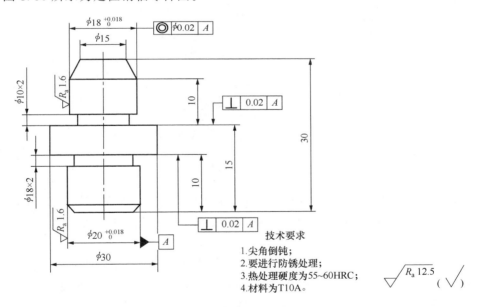

技术要求
1. 尖角倒钝；
2. 要进行防锈处理；
3. 热处理硬度为 55～60HRC；
4. 材料为 T10A。

图 3.50   定位销轴

1）以 $\phi20^{+0.018}_{0}$ mm 轴段的轴线为基准，尺寸 $\phi18^{+0.018}_{0}$ mm 轴段与尺寸为 $\phi20^{+0.018}_{0}$ mm 轴段的同轴度公差要求为 ϕ0.02mm。

2）以 $\phi20^{+0.018}_{0}$ mm 轴段的轴线为基准，尺寸为 ϕ30mm 的圆柱端面与基准轴线的垂直度公差为 0.02mm。

3）同轴度和垂直度的检验可采用如图 3.51 所示的工具检测，也可采用偏摆仪检测。先将零件装在偏摆仪上，将百分表触头与零件外圆最高点接触，然后转动零件，用百分表测量外圆的跳动量，即为同轴度误差，测量端面的跳动量，即为垂直度误差。

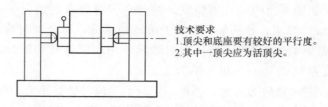

技术要求
1.顶尖和底座要有较好的平行度。
2.其中一顶尖应为活顶尖。

图 3.51　同轴度检具

（2）飞轮零件几何公差分析

图 3.52 所示为飞轮零件图。

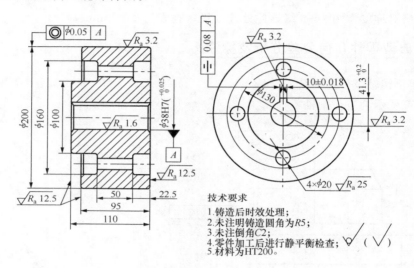

技术要求
1.铸造后时效处理；
2.未注明铸造圆角为R5；
3.未注倒角C2；
4.零件加工后进行静平衡检查；
5.材料为HT200。

图 3.52　飞轮

1）$\phi200$mm 外圆与 $\phi38^{+0.025}_{0}$mm 内孔同轴度公差为 $\phi0.05$mm。进行 $\phi200$mm 外圆与 $\phi38^{+0.025}_{0}$mm 内孔同轴度检查时，可用心轴装夹零件，然后在偏摆仪上或 V 形块上用百分表测量。

2）10 ± 0.018mm 键槽对 $\phi38^{+0.025}_{0}$mm 内孔轴对称度公差为 0.08mm。10 ± 0.018mm 键槽对 $\phi38^{+0.025}_{0}$mm 内孔轴线的对称度检查，可采用专用检具进行。

3）零件加工后进行静平衡检查。零件静平衡检查，可在 $\phi38^{+0.025}_{0}$mm 孔内装上心轴，在静平衡架上找静平衡，如果零件不平衡，可在左侧端面（$\phi200$mm 与 $\phi160$mm 之间）上钻孔减轻质量，以保证最后调到平衡。

思考与练习

3.1　什么是几何公差？各有哪些项目？各自的符号是什么？

3.2　简述几何公差在机器制造中的作用。

3.3　什么是零件的几何要素？零件的几何要素是如何分类的？

3.4 什么是最小条件？什么是最小区域法？说明如何应用最小条件或最小区域法来评定形状误差。

3.5 几何公差带的构成要素有哪些？

3.6 请简述独立原则的特点。

3.7 图 3.53 所示零件中，端面 a、圆柱面 b、孔表面 c 和轴线 d 分别是什么要素（被测要素或基准要素、单一要素或关联要素、轮廓要素或中心要素）？

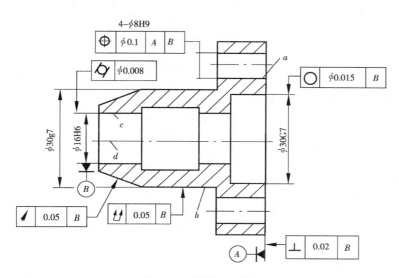

图 3.53 练习 3.7 图

3.8 各图样上标注的几何公差如图 3.54 所示，指明公差特征项目名称、被测要素、基准要素、公差带的形状和大小、公差带相对基准的方位关系。

3.9 将下列几何公差要求以框格符号的形式标注在图 3.55 所示的零件图中。

1）φ30K7 和 φ50M7 采用包容原则。

2）底面 F 的平面度公差为 0.02mm；φ30K7 孔和 φ50M7 孔的内端面对它们的公共轴线的圆跳动公差为 0.04mm。

3）φ30K7 孔和 φ50M7 孔对它们的公共轴线的同轴度公差为 0.03mm。

4）φ11H10 对 φ50M7 孔的轴线和 F 面的位置度公差为 0.05mm，基准要素的尺寸和被测要素的位置度公差应用最大实体要求。

3.10 改正图 3.56（a）、（b）中各项几何公差标注上的错误（不得改变几何公差项目）。

3.11 如图 3.57 所示，被测要素采用的公差原则是_____，最大实体尺寸是_____mm，最小实体尺寸是_____mm，实效尺寸是_____mm。当该轴实际尺寸处处加工到 20mm 时，垂直度误差允许值是_____mm；当该轴实际尺寸处处加工到 19.98mm 时，垂直度误差允许值是_____mm。

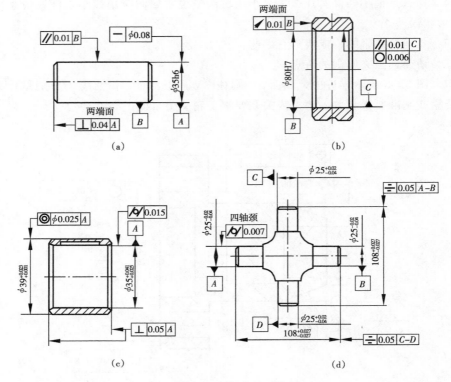

图 3.54　练习 3.8 图

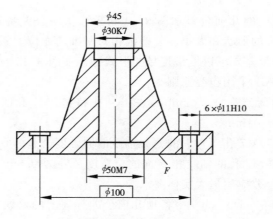

图 3.55　练习 3.9 图

3.12　如图 3.58 所示，要求：

1）指出被测要素遵守的公差原则。

2）求出单一要素的最大实体实效尺寸，关联要素的最大实体实效尺寸。

3）求出被测要素的形状、位置公差的给定值，最大允许值的大小。

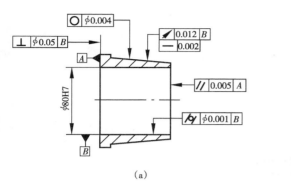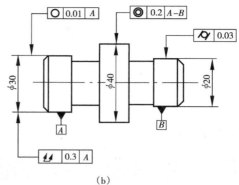

（a）　　　　　　　　　　　　　　　（b）

图 3.56　练习 3.10 图

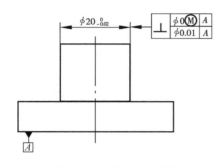

图 3.57　练习 3.11 图

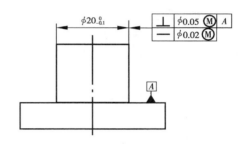

图 3.58　练习 3.12 图

4）若被测要素实际尺寸处处为 19.97mm，轴线对基准 A 的垂直度误差为 0.09mm，判断其垂直度的合格性，并说明理由。

项目 4
表面粗糙度标注及检测

知识目标

1. 了解表面粗糙度对零件性能的影响。
2. 理解表面粗糙度评定参数。
3. 掌握表面粗糙度图样标注方法。
4. 掌握表面粗糙度的选择原则。
5. 了解表面粗糙度的检测方法。

技能目标

1. 能根据零件的技术要求，选择表面粗糙度评定参数及正确标注。
2. 能运用所学测量知识对零件表面粗糙度评定参数进行测量。

表面粗糙度反映的是零件加工表面上的微观几何形状误差，是由于加工过程中刀具和零件表面的摩擦、切屑分离时表面金属层的塑性变形以及工艺系统的高频振动等原因形成的。将表面粗糙度用数值表现出来，指示一个限定区域内排除了形状和波纹度误差后的零件表面微观几何形状误差，是评定机械零件表面质量的一个重要方法。

以图 4.1 所示的减速器输出轴零件图为例，试根据使用要求选择各表面的表面粗糙度参数值并标注在图样上。

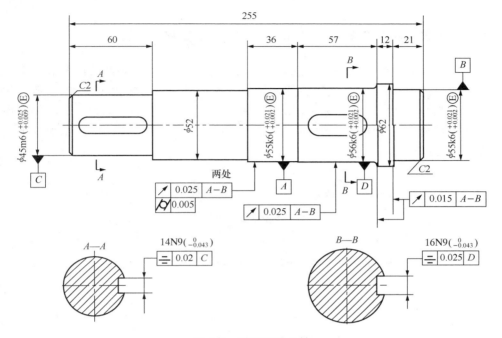

图 4.1　减速器输出轴

4.1 相关知识：表面粗糙度

4.1.1 表面粗糙度的概念、基本术语及评定参数

经过加工所获得的零件表面，总会存在几何形状误差。几何形状误差分为宏观几何形状误差（即形状误差）、表面波度和微观几何形状误差（表面粗糙度）。通常按波距的大小来划分，波距是指相邻两轮廓峰或相邻两轮廓谷之间的距离。波距小于 1mm 的属于表面粗糙度，波距在 1～10mm 的属于表面波度，波距大于 10mm 的属于形状误差，如图 4.2 所示。

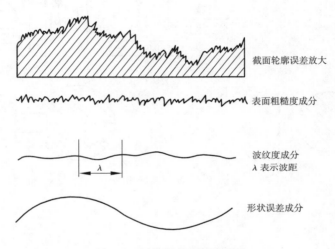

截面轮廓误差放大

表面粗糙度成分

波纹度成分
λ 表示波距

形状误差成分

图 4.2 零件的截面轮廓形状

1. 表面粗糙度的概念

表面粗糙度是用于表征零件表面在加工后形成的由较小间距的峰谷组成的微观几何形状特征。表面粗糙度值越小（轮廓支承长度率除外），则表面越光滑。表面粗糙度参数值的大小对零件的使用性能和寿命有直接影响。

表面粗糙度不仅会影响零件的耐磨性、强度和抗腐蚀性等，还会影响配合性质的稳定性。对间隙配合来说，相对运动的表面因粗糙不平而迅速磨损，从而使间隙增大；对过盈配合而言，由于装配时将微观凸峰挤平，减小了实际有效过盈，从而降低了连接强度；对于过渡配合，表面粗糙度也会使配合变松。此外，表面粗糙度对接触刚度、密封性、耐腐蚀性、产品外观及表面反射能力等都有明显的影响。因此，表面粗糙度是评定产品质量的重要指标。在保证零件尺寸、形状和位置精度的同时，也要对表面粗糙度提出相应的要求。

我国现行的表面粗糙度国家标准有《表面粗糙度　术语及表面结构参数》（GB/T 3505—2009）；《表面粗糙度　参数及其数值》（GB/T 1031—2009）；《机械制图　表面

粗糙度符号、代号及其注法》（GB/T 131—2006）。

2. 基本术语

（1）取样长度 l_r

在 X 轴方向用于判别被评定轮廓不规则特征的一段基准长度称为取样长度，它在轮廓总的走向上选取。规定和选择这段长度是为了限制和减弱表面波纹度对表面粗糙度测量结果的影响，表面越粗糙，取样长度应越大。取样长度范围内应至少包含五个轮廓峰和谷，如图 4.3 所示。国家标准规定的取样长度 l_r 见表 4.1。

表 4.1 标准取样长度和标准评定传长度与 R_a、R_z、R_{sm} 的对应关系

$R_a/\mu m$	$R_z/\mu m$	l_r/mm	标准取样长度 l_s		标准评定长度 $l_a = 5 \times l_r/mm$
			λ_s/mm	$l_r = \lambda_s/mm$	
$\geqslant 0.008 \sim 0.02$	$\geqslant 0.025 \sim 0.1$	$\geqslant 0.013 \sim 0.04$	0.0025	0.08	0.4
$> 0.02 \sim 0.1$	$> 0.1 \sim 0.5$	$> 0.04 \sim 0.13$	0.025	0.25	1.25
$> 0.1 \sim 2$	$> 0.5 \sim 10$	$> 0.13 \sim 0.4$	0.0025	0.8	4
$> 2 \sim 10$	$> 10 \sim 50$	$> 0.4 \sim 1.3$	0.008	2.5	12.5
$> 10 \sim 80$	$> 50 \sim 320$	$> 1.3 \sim 4$	0.025	8	40

（2）评定长度 l_n

在 X 轴方向用于判别被评定轮廓的表面粗糙度特性所需的一段长度称为评定长度，用符号 "l_n" 表示，它可包括一个或几个取样长度，如图 4.3 所示。

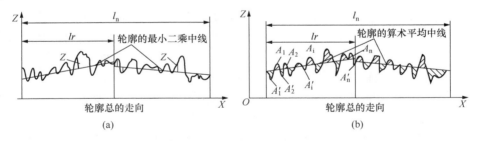

图 4.3 取样长度、评定长度和轮廓中线

由于被测表面上各处的表面粗糙度不一定很均匀，在一个取样长度上往往不能合理地反映被测表面的粗糙度，所以需要在几个取样长度上分别测量，国家标准推荐 $l_n = 5l_r$，见表 4.1。对均匀性好的表面，可选 $l_n < 5l_r$，对于均匀性较差的表面，可选 $l_n > 5l_r$。

（3）轮廓滤波器、传输带

由于零件加工表面按相邻峰、谷间距大小划分，存在由表面粗糙度、波纹度、宏观形状等构成的几何误差，为了评定其中某种几何形状误差，需要用滤波器来过滤其他的几何误差。

滤波器可以将表面轮廓分为长波成分和短波成分，其中 λ_s 轮廓滤波器用于确定存在于表面的粗糙度与比它更短的波之间的界限，λ_c 滤波器用于确定粗糙度与波纹度之间

的界限，λ_f 滤波器用于确定存在于表面的波纹度与比它更长的波之间的界限，滤波器用截止波长值表示。

从短波截止波长 λ_s 到长波截止波长 λ_c 之间的波长范围称为评定表面粗糙度的传输带，如图 4.4 所示。评定零件表面粗糙度的取样长度在数值上等于其长波滤波器的截止波长 λ_c。

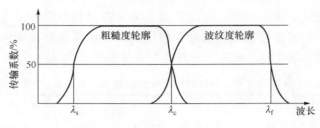

图 4.4　轮廓滤波器

（4）中线

中线是具有几何轮廓形状并划分轮廓的基准线，中线有最小二乘中线和算术平均中线两种。

1）轮廓最小二乘中线　轮廓的最小二乘中线如图 4.3（a）所示。在一个取样长度范围内，最小二乘中线使轮廓线上各点至该线的距离的平方和为最小。

2）轮廓的算术平均中线　轮廓的算术平均中线如图 4.3（b）所示，其是指具有几何轮廓形状，在取样长度内与轮廓走向一致并划分实际轮廓为上下两部分，且使上下两部分面积相等的基准线。最小二乘中线符合最小二乘原则，从理论上讲是理想的基准线，但在轮廓图形上确定最小二乘中线的位置比较困难，而算术平均中线与最小二乘中线的差别很小，故通常用算术平均中线来代替最小二乘中线，用目测估计来确定轮廓的算术平均中线。当轮廓不规则时，算术平均中线不是唯一的。

（5）轮廓峰与轮廓谷

1）轮廓峰　轮廓峰是指取样长度内轮廓与中线相交，连接两交点向外凸出的轮廓部分，如图 4.5 所示。

2）轮廓谷　轮廓谷是指在取样长度内轮廓和中线相交，连接两交点向内凹下的轮廓部分，如图 4.5 所示。

3. 表面粗糙度的评定参数

国家标准 GB/T 3505—2009 规定的表面粗糙度评定参数有幅度参数、间距参数以及轮廓支承长度率。下面介绍几种常用的评定参数。

（1）轮廓的幅度参数

1）轮廓的算术平均偏差 R_a　在一个取样长度内，被评定轮廓上各点至中线的距离 $Z(x)$ 绝对值的算术平均值，如图 4.6（a）所示。R_a 的数学表达式为

$$R_a = \frac{1}{l_r} \int_0^{l_r} Z(x)\,\mathrm{d}x \tag{4-1}$$

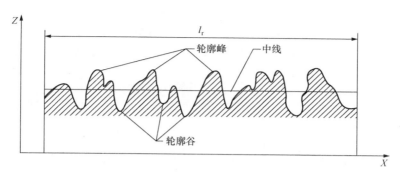

图 4.5　轮廓峰与轮廓谷

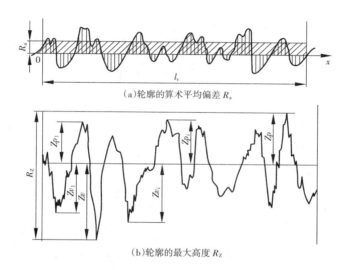

（a）轮廓的算术平均偏差 R_a

（b）轮廓的最大高度 R_z

图 4.6　轮廓的幅度参数

测得的 R_a 值越大，则表面越粗糙。R_a 参数能充分反映表面微观几何形状高度方面的特性，一般用电动轮廓仪进行测量，因此是普遍采用的评定参数。

2）轮廓的最大高度 R_z　在一个取样尺度内，被评定轮廓上各个高极点至中线的垂直距离称为轮廓峰高，用符号"Z_{pi}"表示；其中最大的垂直距离称为最大轮廓峰高，用符号"Z_p"表示。被评定轮廓上各个低极点至中线的垂直距离称为轮廓谷深，用符号"Z_{vi}"表示；其中最大的垂直距离称为最大轮廓谷深，用符号"Z_v"表示，如图 4.6（b）所示。R_z 的数学表达式为

$$R_z = Z_p + Z_v \qquad (4\text{-}2)$$

注意：在零件图上，对于同一表面的表面粗糙度轮廓要求，根据需要只标注 R_a 或 R_z 中的一个，切勿同时把两者都标注出来。

（2）轮廓单元的平均宽度 R_{sm}

轮廓单元是轮廓峰与轮廓谷的组合。轮廓单元的平均宽度是指在一个取样长度内，轮廓单元宽度 X_s 的平均值，如图 4.7 所示。R_{sm} 的数学表达式为

$$R_{sm} = \frac{1}{m}\sum_{i=1}^{m} Xs_i \qquad (4-3)$$

R_{sm}是评定轮廓的间距参数，其值愈小，表示轮廓表面愈细密，密封性愈好。

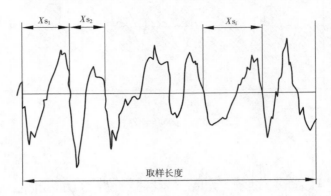

图 4.7　轮廓单元的宽度

（3）轮廓的支承长度率 $R_{mr}(c)$

轮廓的支承长度率是指在给定水平位置 c 上，轮廓实体材料长度 $Ml(c)$ 与评定长度的比率，如图 4.8 所示。$R_{mr}(c)$ 的数学表达式为

$$R_{mr}(c) = \frac{Ml(c)}{l_n} \qquad (4-4)$$

$$Ml(c) = Ml_1 + Ml_2 + \cdots + Ml_n \qquad (4-5)$$

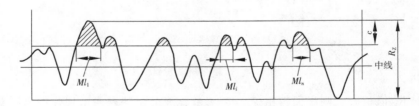

图 4.8　轮廓的支承长度率

轮廓的支承长度率 $R_{mr}(c)$ 与零件的实际轮廓形状有关，是反映零件表面耐磨性能的指标。对于不同的实际轮廓形状，在相同的取样长度内和相同的水平截距下，$R_{mr}(c)$ 的值越大，表示零件表面凸起的实体部分越大，承载面积也越大，因而接触刚度就越高，耐磨性能就越好，如图 4.9 所示。

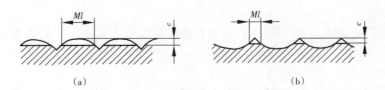

（a）　　　　　　　　　　　　　　（b）

图 4.9　不同形状轮廓的支承长度

（4）评定参数的数值规定

国家标准规定了评定表面粗糙度的参数值，见表 4.2～表 4.6。

表 4.2　R_a 的数值（摘自 GB/T 1031—2009）　（单位：μm）

R_a	0.012	0.2	3.2	50
	0.025	0.4	3.3	100
	0.05	0.8	12.5	
	0.1	1.6	25	

表 4.3　R_a 的补充数值（摘自 GB/T 1031—2009）　（单位：μm）

R_a	0.008	0.125	2.0	32
	0.010	0.160	2.5	40
	0.016	0.25	4.0	63
	0.020	0.32	5.0	80
	0.032	0.50	8.0	
	0.040	0.63	10.0	
	0.063	1.00	16.0	
	0.080	1.25	20	

表 4.4　R_z 的数值（摘自 GB/T 1031—2009）　（单位：μm）

R_z	0.025	0.4	6.3	100	1600
	0.05	0.8	12.5	200	
	0.1	1.6	25	400	
	0.2	3.2	50	800	

表 4.5　R_{sm} 的数值（摘自 GB/T 1031—2009）　（单位：μm）

R_{sm}	0.006	0.1	1.6
	0.0125	0.2	3.2
	0.025	0.4	6.3
	0.05	08	12.5

表 4.6　$R_{mr}(c)$ 的数值（摘自 GB/T 1031—2009）　（单位：μm）

$R_{mr}(c)$	10	30	70
	15	40	80
	20	50	90
	25	60	

4.1.2 表面粗糙度的图样标注

国家标准GB/T 131—2006规定了表面粗糙度的符号、代号及其在图样上的标注方法。在了解这些知识的基础上，才能正确识读和标注表面粗糙度。

1. 表面粗糙度的符号、代号及其标注

（1）表面粗糙度符号

表面粗糙度符号及其意义见表4.7。如仅需要加工而对表面粗糙度的其他规定没有要求时，允许只标注表面粗糙度符号。

表 4.7 表面粗糙度的符号及意义

符 号	意义及说明
 ∨	基本符号，表示表面可用任何方法获得。当不加注粗糙度参数值或有关说明（例如，表面处理、局部热处理状况等）时，仅适用于简化代号标注
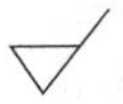 ▽	基本符号加一短划，表示表面是用去除材料的方法获得，例如，车、铣、钻、磨、剪切、抛光、腐蚀、电火花加工、气割等
 ∅∕	基本符号加一小圆，表示表面是用不去除材料的方法获得，例如，铸、锻、冲压变形、热轧、冷轧、粉末冶金等；或者是用于保持原供应状况的表面（包括保持上道工序的状况）
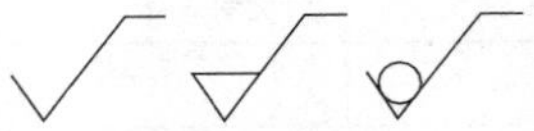 ∨ ▽ ∅	在上述三个符号的长边上均可加一横线。用于标注有关参数和说明
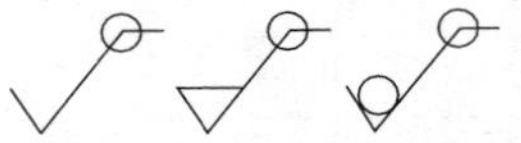 ∅ ∅ ∅	在上述三个符号上均可加一小圆，表示所有表面具有相同的表面粗糙度要求

（2）表面粗糙度代号

1）表面粗糙度代号各项技术要求的标注位置。

表面粗糙度代号及各项技术要求的标注位置如图4.10所示。

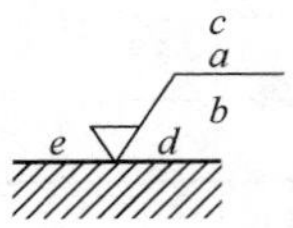

图 4.10 表面粗糙度代号

位置 a—依次注写上、下极限符号，传输带数值，幅度参数符号，评定长度值，极限判断规则，幅度参数极限值（μm）。

位置 b—注写附加评定参数符号及数值（R_{sm}参数，mm）。

位置 c—注写加工方法、表面处理、涂层或其他加工要求等。

位置 d—注写表面纹理和方向符号，如："＝"、"X"、"M"等。

位置 e—注写加工余量（mm）。

为了明确表面粗糙度要求，在完整图形符号周围除了标注粗糙度参数及数值外，必要时还要标注补充要求，构成表面粗糙度代号。补充要求包括传输带、取样长度、加工工艺、表面纹理及方向、加工余量等。图4.10所示是表面粗糙度单一要求和补充要求的注写位置。

2）表面粗糙度幅度参数极限值的标注。

① 单向标注一个数值。当只单向标注一个数值时，则默认它为幅度参数的上限值（默认传输带，默认 $l_n = 5l_r$，默认 16％规则），如图 4.11 所示。

② 同时标注上、下限值。同时标注上、下限值时，应分成两行标注幅度参数符号和上、下限值。上限值标注在上方，并在传输带的前面加注符号"U"；下限值标注在下方，并在传输带的前面加注符号"L"，如图 4.12（a）、图 4.12（b）所示（去除材料，默认传输带，默认 $l_n = 5l_r$，默认 16％规则）。同时标注上、下限值时，在不引起歧义的情况下，可以不加注符号"U"、"L"，如图 4.12（c）所示。

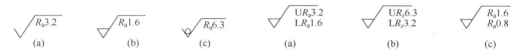

图 4.11　表面粗糙度幅度参数的单向极限　　　图 4.12　幅度参数为上、下限值的标注

③ 16％规则。16％规则是指同一评定长度范围内幅度参数所有的实测值中，大于上限值的个数少于总数的 16％，小于下限值的个数少于总数的 16％，则认为是合格。16％规则在数值前不标注符号。

④ 最大规则。在幅度参数符号的后面、极限值的前面加注一个"max"标记，表示幅度参数所有的实测值皆不大于上限值，则认为是合格，如图 4.13 所示（去除材料，默认传输带，默认 $l_n = 5l_r$）。

(a)最大规则的单个幅度参　　(b)最大规则的上限值和默
数值且默认为上限值　　　　　认16％规则的下限值

图 4.13　最大规则的标注

3）传输带和评定长度标注。

当参数代号中没有标注传输带时，表示采用默认传输带，如图 4.12 所示。如果表面粗糙度参数没有定义默认传输带，则表面粗糙度标注应指定传输带，即短波滤波器和长波滤波器，传输带标注短波在前、长波在后，中间用"－"隔开；传输带标注在参数代号前，并用斜线"/"隔开。某些情况，当一个滤波器使用默认截止波长（mm），而另一个滤波器使用非默认截止波长时，只标注一个滤波器，此时应保留"－"来表明是短波滤波器还是长波滤波器，如图 4.14 所示。

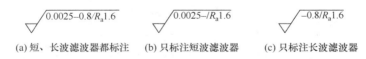

(a)短、长波滤波器都标注　(b)只标注短波滤波器　(c)只标注长波滤波器

图 4.14　传输带标注示例

粗糙度参数如果评价长度采用默认值，等于 5 个取样长度时，可省略标注，如图 4.12 所示。如果评价长度要求的取样长度的个数不等于默认值 5 时，应在相应参数代号后标注取样长度的个数。如 R_a3、R_a6 等，如图 4.15（a）表示要求 $l_n = 3 \times l_r$，图 4.15（b）表示要求 $l_n = 6 \times l_r$。

4）附加评定参数、加工方法、加工纹理和加工余量等相关信息的标注。

如图 4.16 所示，附加评定参数和加工方法的标注内容包括：加工方法为磨削加工；幅度参数 R_a 的上限值为 $1.6\mu m$，下限值为 $0.2\mu m$（默认 16% 规则）；传输带皆采用；附加了间距参数 R_{sm}，加工纹理垂直于视图所在的投影面。

加工余量标注示例如图 4.17 所示。

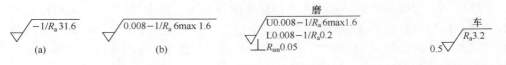

图 4.15　评定长度的标注　　　图 4.16　附加评定参数和　　图 4.17　加工余量的标注
　　　　　　　　　　　　　　　　　　加工方法的标注

表面粗糙度幅度参数标注示例及含义如表 4.8、表 4.9、表 4.10 所示。

表 4.8　带有补充要求的标注

符　号	含　义	符　号	含　义
$\sqrt{}$ 铣	加工方法：铣削	$3\sqrt{}$	加工余量为 3mm
$\sqrt{}$ M	表面纹理：纹理呈多方向		

表 4.9　不同表面粗糙度要求的表示方法示例

符号	含义/解释
$\sqrt{}$ $R_z\,0.4$	表示不允许去除材料，单向上限值，默认传输带，表面粗糙度参数 R_z 的上限值为 $0.4\mu m$，评定长度为 5 个取样长度（默认），16% 规则（默认）
$\sqrt{}$ $R_z\,max0.2$	表示去除材料，单向上限值，默认传输带，R 轮廓，表面粗糙度参数 R_z 的最大值为 $0.2\mu m$，评定长度为 5 个取样长度（默认），最大规则
$\sqrt{}$ $0.008-0.8/R_a\,3.2$	表示去除材料，单向上限值，传输带 $0.008\sim0.8$mm，表面粗糙度参数 R_a 上限值为 $3.2\mu m$，评定长度为 5 个取样长度（默认），16% 规则（默认）
$\sqrt{}$ $-0.8/R_a\,3.2$	表示去除材料，单向上限值，传输带：根据 GB/T 6062，取样长度为 0.8mm（λ_s 默认 0.0025mm），粗糙度 R_a 上限值为 $3.2\mu m$，评定长度包含 3 个取样长度，16% 规则（默认）
$\sqrt{}$ $U\,R_a\,max\,3.2$ $L\,R_a\,0.8$	表示不允许去除材料，双向极限值，两极限值均使用默认传输带，粗糙度 R_a 上限值为 $3.2\mu m$，评定长度为 5 个取样长度（默认），最大规则。粗糙度 R_a 下限值为 $0.8\mu m$，评定长度为 5 个取样长度（默认），16% 规则（默认）

符号	含义/解释
$\sqrt{}$ 0.025−0.1/Rz 0.2	表示任意加工方法，单向上极限，传输带 $\lambda s=0.0025$mm（默认），传输带 $A=0.1$mm，评定长度为 3.2mm（默认），粗糙度图形参数，粗糙度图形最大深度 0.2μm，16%规则（默认）
$\sqrt{}$ /10/R 10	表示不允许去除材料，单向上限值，传输带 $\lambda s=0.008$mm（默认），$A=0.5$mm（默认），评定长度为 10mm，粗糙度图形参数，粗糙度图形平均深度为 10μm，16%规则（默认）
$\sqrt{}$ −0.3/6/AR 0.09	表示任意加工方法，单向上极限，传输带 $\lambda s=0.008$mm（默认），传输带 $A=0.3$mm（默认），评定长度为 6mm，粗糙度图形参数，粗糙度图形平均间距 0.09mm，16%规则（默认）

表 4.10　表面纹理符号

符号	解释	示例	符号	解释	示例
=	纹理平行于视图所在的投影面		C	纹理呈近似同心圆且圆心与表面中心相关	
⊥	纹理垂直于视图所在的投影面		R	纹理呈近似放射状且与表面圆心相关	
×	纹理呈两斜向交叉且与视图所在的投影面相交		P	纹理呈微粒，凸起，无方向	
M	纹理呈多方向				

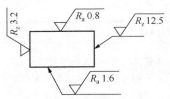

图 4.18　表面粗糙度的注写方向

2. 表面粗糙度的图样标注

表面粗糙度标注总的原则是根据《机械制图尺寸注法》（GB/T 4458.4—2003）的规定，使表面粗糙度的注写和读取方向与尺寸的注写和读取方向一致，如图 4.18 所示。

（1）标注在轮廓线上或指引线上

表面粗糙度可标注在轮廓线上，其符号应从材料外指向并接触表面。必要时，表面粗糙度符号也可用带箭头或黑点的指引线引出标往，如图 4.19 所示。

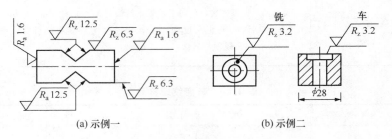

(a) 示例一　　　　　　　　　(b) 示例二

图 4.19　表面粗糙度标注在轮廓线上或指引线上

（2）标注在特征尺寸的尺寸线上

在不致引起误解时，表面粗糙度要求可以标注在给定的尺寸线上，如图 4.20 所示。

（3）标注在几何公差的框格上

表面粗糙度要求可标注在几何公差框格的上方，如图 4.21 所示。

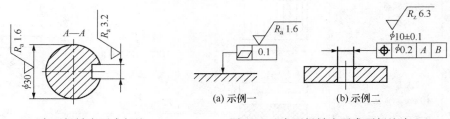

(a) 示例一　　　　(b) 示例二

图 4.20　表面粗糙度要求标注　　　图 4.21　表面粗糙度要求可标注在
　　　　　在尺寸线上　　　　　　　　　　　　几何公差框格的上方

（4）标注在延长线上

表面粗糙度要求可以直接标注在延长线上，或用带箭头的指引线引出标注，如图 4.22 所示。

（5）标注在圆柱和棱柱表面上

圆柱和棱柱表面的表面粗糙度要求只标注一次，如果每个棱柱表面有不同的表面结构要求，则应分别单独标注，如图 4.23 所示。

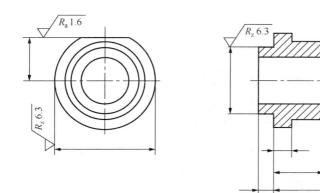

图 4.22　表面粗糙度要求标注在圆柱特征的延长线上

（6）表面粗糙度要求的简化注法

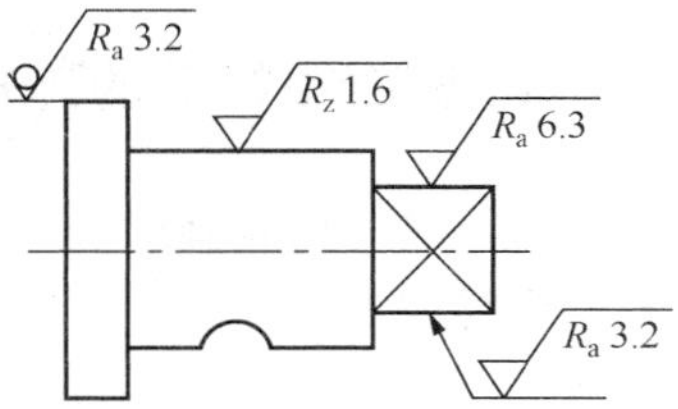

1）当零件的几个表面具有相同的表面粗糙度技术要求时，可以用基本图形符号或只带一个字母的完整图形符号标注在这些表面上，而在图形或标题栏附近，以等式的形式标注相应的粗糙度代号，如图 4.24（a）、图 4.24（b）所示。

2）当零件的某些表面具有相同的表面粗糙度技术要求时，对于这些表面的技术要求可以统一标注在标题栏附近。此时，应在标注了相关表面粗糙度代号的右侧画一个圆括号，并在圆括号内给出一个基本符号，如图 4.24（c）所示。该图表示除了两个已标注粗糙度代号的表面以外的其余表面的粗糙度要求。

图 4.23　圆柱和棱柱的表面
粗糙度要素的标注

3）当构成封闭的各个表面具有共同的表面粗糙度技术要求时，可采用特殊图形符号进行标注，如图 4.24（d）所示。该图表示构成封闭轮廓周边的上、下、左、右四个表面具有共同的表面粗糙度技术要求，不包括前表面和后表面。

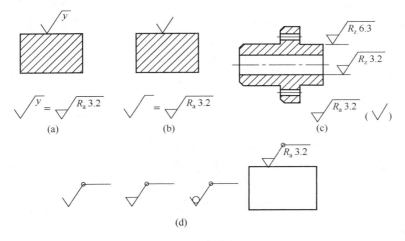

图 4.24　简化标注

135

4）对于由几种不同的工艺方法获得的同一表面，当需要明确每种工艺方法表面粗糙度要求时，可按图 4.25 所示的方法进行标注。

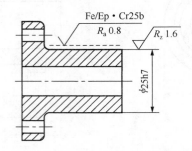

图 4.25　同时给出镀覆前后的表面粗糙度要求的注法

4.1.3　表面粗糙度的选择

表面粗糙度的选择主要包括评定参数的选择和参数值的选择。应熟悉用类比法选择表面粗糙度值。

1. 表面粗糙度评定参数的选择

评定参数的选择应考虑零件的使用功能要求，检测的方便性及仪器设备条件等因素。

选用表面粗糙度评定参数时，一般情况下，选用 R_a 或 R_z 就可以满足要求，通常只给出幅度参数 R_a 或 R_z 及其上限值。只有对一些重要表面有特殊要求时，才标注附加参数，如有涂镀性、抗腐蚀性、密封性要求时，就需要加注 R_{sm} 参数来控制间距的细密度；对表面的支承刚度和耐磨性有较高要求时，需加注 $R_{mr}(c)$ 参数来控制表面的形状特征。

在幅度参数中，R_a 最常用。因为它能较完整、全面地表达零件表面的微观几何特征。国家标准推荐，在常用数值范围（R_a 为 $0.025 \sim 6.3\,\mu m$）内，应优先选用 R_a 参数，上述数值范围用电动轮廓仪能方便地测出 R_a 的实际值。R_z 直观易测，用双管显微镜、干涉显微镜等可测得。但 R_z 反映轮廓情况不如 R_a 全面，往往用在小零件（测量长度很小）或表面不允许有较深的加工痕迹的零件。

2. 表面粗糙度评定参数值的选择

表面粗糙度的选择原则是：在满足功能要求的前提下，尽量选择较大的表面粗糙度参数值，以降低加工难度，减少生产成本。

表面粗糙度值的选择通常采用类比法。具体选择时应注意以下几点：

1）同一零件上，工作表面的表面粗糙度参数值一般小于非工作表面的表面粗糙度参数值。

2）摩擦表面的粗糙度参数值要小于非摩擦表面、滚动摩擦表面的粗糙度参数值要小于滑动摩擦表面。

3）承受交变载荷的表面及易引起应力集中的部分（如圆角、沟槽等），粗糙度参数值应小些。

4）要求配合稳定可靠时，粗糙度参数值应小些。小间隙配合表面、受重载作用的过盈配合表面，其粗糙度参数值要小。

5）表面粗糙度与尺寸及形状公差要协调。通常，尺寸及形状公差小，表面粗糙度参数要小，同一尺寸公差的轴比孔的粗糙度值要小。

6）密封性、防腐性要求高的表面或外型美观的表面其表面粗糙度值要小些。

7）凡有关标准已对表面粗糙度要求作出规定者，应按标准规定选取表面粗糙度参数值。

表 4.11 是常用表面粗糙度 R_a 的推荐值，表 4.12 是表面粗糙度 R_a 数值的应用实例，供参考。

表 4.11　常用表面粗糙度 R_a 的推荐值　　　　（单位：μm）

应用场合		公称尺寸/mm					
	公差等级	≤50		>50~120		>120~500	
		轴	孔	轴	孔	轴	孔
经常拆卸零件的配合表面（如挂轮、滚刀等）	IT5	≤0.2	≤0.4	≤0.4	≤0.8	≤0.4	≤0.8
	IT6	≤0.4	≤0.8	≤0.8	≤1.6	≤0.8	≤1.6
	IT7	≤0.8		≤1.6		≤1.6	
	IT8	≤0.8	≤1.6	≤1.6	≤3.2	≤1.6	≤3.2
过盈配合	压入配合 IT5	≤0.2	≤0.4	≤0.4	≤0.8	≤0.4	≤0.8
	IT6~IT7	≤0.4	≤0.8	≤0.8	≤1.6	≤1.6	
	IT8	≤0.8	≤1.6	≤1.6	≤3.2	≤3.2	
	热装	≤1.6	≤3.2	≤1.6	≤3.2	≤1.6	≤3.2
精密定心零件的配合表面	IT5~IT8 径向跳动	2.5	4	6	10	16	25
	轴	≤0.05	≤0.1	≤0.1	≤0.2	≤0.4	≤0.8
	孔	≤0.1	≤0.2	≤0.2	≤0.4	≤0.8	≤1.6
滑动轴承的配合表面	公差等级	轴			孔		
	IT6~IT9	≤0.8			≤1.6		
	IT10~IT12	≤1.6			≤3.2		
	液体湿摩擦	≤0.4			≤0.8		
圆锥结合的工作面		密封结合		对中结全		其他	
		≤0.4		≤1.6		≤6.3	
密封材料处的孔、轴表面	密封形式	速度/(m/s)					
		≤3		3~5		≥5	
	橡胶圈密封	0.8~1.6(抛光)		0.4~0.8(抛光)		0.2~0.4(抛光)	
	毛毡密封	0.8~1.6(抛光)					
	迷宫式	3.2~6.3(抛光)					
	涂油槽式	3.2~6.3(抛光)					

137

应用场合	公称尺寸/mm		
V带和平带轮工作面	带轮直径/mm		
	≤120	>120~315	>315
	1.6	3.2	6.3
箱体分界面（减速器）	类型	有垫片	无垫片
	需要密封	3.2~6.3	0.8~1.6
	不需要密封	6.3~12.5	

表 4.12　不同加工方法所获得的表面粗糙度和应用举例

加工方法	$R_a/\mu m$	应用举例
粗车、粗铣、粗刨、钻、毛锉、锯断等	12.5~25	粗加工非配合表面，如轴端面、倒角、钻孔、齿轮和带轮侧面、键槽底面、垫圈接触面及不重要的安装支承面
车、铣、刨、镗、钻、粗铰等	6.3~12.5	半精加工表面，如轴上不安装轴承、齿轮等处的配合表面，轴和孔的退刀槽、支架、衬套、端盖、螺栓、螺母、齿顶圆、花键非定心表面等
车、铣、刨、镗、磨、拉、粗刮、铣齿等	3.2~6.3	半精加工表面如箱体、支架、套筒、非传动用梯形螺纹等，以及与其他零件结合而无配合要求的表面
车、铣、刨、镗、磨、拉、刮等	1.6~3.2	接近精加工表面，如箱体上安装轴承的孔和定位销的压入孔表面及齿轮齿条、传动螺纹、键槽、皮带轮槽的工作面、花键结合面等
车、镗、磨、拉、刮、精铰、磨齿、滚压等	0.8~1.6	要求有定心及配合的表面，如圆柱销、圆锥销的表面、卧式车床导轨面，以及与P0、P6级滚动轴承配合的表面等
精铰、精镗、磨、刮、滚压等	0.4~0.8	要求配合性质稳定的配合表面及活动支承面，如高精度车床导轨面、高精度活动球状接头表面等
精磨、珩磨、研磨、超精加工等	0.2~0.4	精密机床主轴锥孔、顶尖圆锥面、发动机曲轴和凸轮轴工作表面、高精度齿轮齿面、与P5级滚动轴承配合的表面等
精磨、研磨、普通抛光等	0.1~0.2	精密机床主轴轴颈表面、一般量规工作表面、汽缸内表面、阀的工作表面、活塞销表面等
超精磨、精抛光、镜面磨削等	0.025~0.1	精密机床主轴轴颈表面，滚动轴承套圈滚道、滚珠及滚柱表面，工作量规的测量表面，高压液压泵中的柱塞表面等
镜面磨削等	0.012~0.025	仪器的测量面、高精度量仪等
镜面磨削、超精研等	≤0.012	量块的工作面、光学仪器中的金属镜面等

4.1.4 表面粗糙度的测量

常用的表面粗糙度的检测方法有比较法、光切法、干涉法和针描法。

1. 比较法

比较法是将被测零件表面与标有一定评定参数的表面粗糙度标准样板直接进行比较，从而估计出被测表面粗糙度的一种测量方法。使用时，样板的材料、表面形状、加工方法、加工纹理方向等应尽可能与被测表面一致，否则会产生较大误差。该方法使用简便，适宜于车间检验，缺点是精度较低，只能作定性分析。

2. 光切法

光切法是应用光切原理来测量表面粗糙度的一种测量方法。常用的仪器是光切显微镜。该仪器适宜于测量用车、铣、刨等机加工方法所获得的金属零件的平面或外圆表面。光切法主要用于测量 R_z 值，测量范围为 $R_z 0.5 \sim 60 \mu m$。光切显微镜工作原理如图 4.26 所示。根据光切原理设计的光切显微镜由两个镜管组成，一个是投影照明镜管，另一个是观察镜管，两光管轴线成 $90°$。在照明镜管中，光源发出的光线经聚光镜 2、狭缝 3 及物镜 4 后，以 $45°$ 的倾斜角照射在具有微小峰谷的被测工件表面上，形成一束平行的光带，表面轮廓的波峰在 S 点处产生反射，波谷在 S' 点处产生反射。通过观察镜管的物镜，分别成像在分划板 5 上的 A 点与 A' 点，从目镜中可以观察到一条与被测表面相似的齿状亮带，通过目镜分划板与测微器，可测出 AA' 之间的距离 N，则被测表面的微观不平度的峰谷高度 h 为

$$h = \frac{N}{V} \cos 45° = \frac{N}{\sqrt{2}V} \qquad (4\text{-}6)$$

式中，V 为观察镜管的物镜放大倍数。

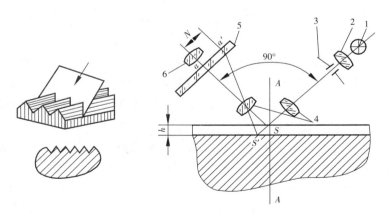

图 4.26　光切显微镜工作原理图

1—光源；2—聚光镜；3—狭缝；4—物镜；5—分划板；6—目镜

3. 干涉法

干涉法是利用光波干涉原理测量表面粗糙度的一种测量方法。常用的仪器是干涉显微镜。干涉显微镜主要用于测量 R_z 值，测量范围为 R_z 0.05～0.08μm，一般用于测量表面粗糙度要求高的表面。

4. 针描法

针描法是一种接触式测量表面粗糙度的方法，最常用的仪器是电动轮廓仪，该仪器可直接显示 R_a 值，适宜于测量 R_a 0.025～6.3μm。图 4.27 是电感式轮廓仪的原理框图。测量时，仪器的金刚石触针针尖与被测表面相接触，当触针以一定速度沿被测表面移动时，微观不平的痕迹使触针作垂直于轮廓方向的上下运动。该微量移动通过传感器转换成电信号，再经过滤波器，将表面轮廓上属于形状误差和波度的成分滤去，留下只属于表面粗糙度的轮廓曲线信号；经放大器，计算器直接指示出 R_a 值。也可经放大器驱动记录装置，画出被测的轮廓图形。

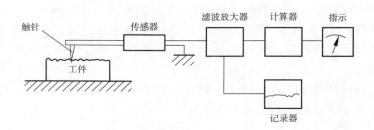

图 4.27　针描法测量原理框图

4.2　项目实施：减速器输出轴表面粗糙度选择及标注

图 4.1 所示为减速器输出轴，材料为 45 钢调质。在具体实践中常用类比法来确定表面粗糙度的参数值。按类比法选择表面粗糙度参数值时，可先根据经验资料初步选定表面粗糙度值，然后再对比工作条件作适当调整，对图 4.28 所示减速器输出轴各表面粗糙度参数 R_a 的选用分析如下：

1）两个轴颈 ϕ55j6 与滚动轴承配合，表面粗糙度选择参照表 4.11、表 4.12 及滚动轴承公差配合有关内容，选取 $R_a \leqslant 0.8\mu$m，取 R_a 为 0.8μm。

2）ϕ56k6 轴段和 ϕ45m6 轴段分别与齿轮和带轮相配合，参照表 4.11、表 4.12，应选取 $R_a \leqslant 0.8\mu$m，取 R_a 为 0.8μm。

3）ϕ62mm 的左、右两轴肩为止推面，分别对齿轮和滚动轴承起定位作用，参照表 4.11、表 4.12 及滚动轴承、齿轮公差配合有关内容，应选取 $R_a \leqslant 3.2\mu$m，取 R_a 为 3.2μm。

4）键槽两侧面一般是铣削加工，其精度较低，参照与键配合有关内容，选 R_a 为 $3.2\mu m$。

5）轴上其他非配合面，如端面、键槽底面、$\phi 52mm$ 圆柱面等处，均属不太重要的表面，故选取 R_a 为 $6.3\mu m$。

图 4.28 所示为减速器输出轴各表面粗糙度标注结果。

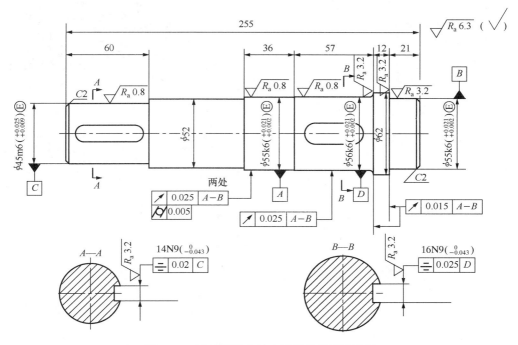

图 4.28　减速器输出轴表面粗糙度标注结果

思考与练习

4.1　什么是表面粗糙度？表面粗糙度对零件性能有哪些影响？

4.2　论述轮廓中线的定义及其作用。

4.3　什么是评定长度？什么是取样长度？两者间有什么关系？

4.4　表面粗糙度的评定参数有哪些？分别论述其含义和代号。

4.5　表面粗糙度的代号有哪几种？试说明各自的含义。

4.6　选择表面粗糙度时要考虑哪些因素？

4.7　表面粗糙度的常用检测方法有哪几种？各种方法适宜于评定哪些参数？

4.8　改正习题图 4.29 中表面粗糙度的标注错误。

4.9　将表面粗糙度符号标注在图 4.30 上，要求：

1）用机加工方法加工圆柱面，要求 R_a 上限值为 $3.2\mu m$；

2）用机加工方法获得孔，要求 R_a 上限值为 $3.2\mu m$；

3）用机加工方法获得表面 a，要求 R_a 上限值为 3.2μm；

4）其余用不去除材料的方法获得表面，要求 R_a 上限值均为 25μm。

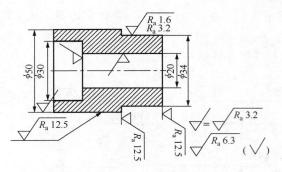

图 4.29　导向套

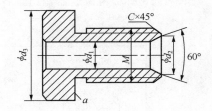

图 4.30　练习 4.9 图

项目 5

光滑工件尺寸检测

知识目标

1. 理解误收和误废的概念。
2. 理解两种验收极限方式。
3. 了解量规的分类和作用。
4. 了解量规结构形式和技术要求。
5. 掌握量规设计原则和步骤。

技能目标

1. 能正确选择计量器具检测光滑工件尺寸，并判断其合格性。
2. 掌握光滑极限量规的设计原理和工作量规的设计。

在机械制造中，工件尺寸一般使用通用计量器具来测量，但在成批或大量生产中，多用极限量规来检验。光滑极限量规是指被检验工件为光滑孔或光滑轴所用的极限量规的总称，是一种无刻度、成对使用的专用检验器具，它适用于大批量生产、遵守包容要求的孔、轴检验。

用光滑极限量规检验工件时，只能判断工件是否在验收极限范围内，而不能测出工件实际尺寸和几何误差的数值。量规结构简单，使用方便、可靠，检验工件的效率高。

检验如图 5.1 所示的减速器输出轴 $\phi45m6$ⒺＥ轴径，对于小批量生产，则要求选择通用计量器具，对于大批量生产，则要求设计与工件检验要求相适应的光滑极限量规（工作量规），试画出量规的工作图，标注尺寸及技术要求。

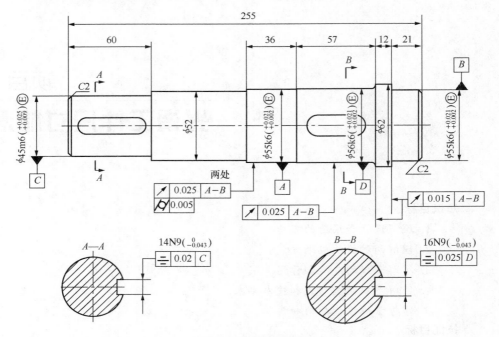

图 5.1　减速器输出轴

5.1　相关知识：光滑工件尺寸检测及光滑极限量规设计

5.1.1　光滑工件尺寸检测

在单件小批量生产情况下，使用普通计量器具对公差等级为 IT6～18 级，公称尺寸为 500mm 以下的光滑工件尺寸进行检验，所谓普通计量器具是指常用的游标卡尺，千分尺及车间使用的比较仪等。如对图 5.1 所示减速器输出轴 ϕ45m6ⓔ、ϕ55k6ⓔ、ϕ56k6ⓔ进行检测。

1. 误收和误废

由于任何测量都存在测量误差，所以在验收产品时，测量误差的主要影响是产生两种错误判断，一种是把位于公差带上下两端外侧附近的废品误判为合格品而接收，称为误收；另一种是将位于公差带上下两端内侧附近合格品误判为废品而给予报废，称为误废。例如，用示值误差为 ±4μm 的千分尺验收 ϕ20h6 ($^{0}_{-0.013}$) 的轴径时，其公差带如图 5.2 所示。根据规定，其上下极限偏差分别为 0 与 −13μm。若轴径的实际偏差是大于 0～+4μm 的不合格品，由于受千分尺的测量误差为 −4μm 的影响，其测得值可能小于其上极限偏差，从而误判成合格品而接收，即导致误收；反之，若轴径的实际偏差是在 −4～0μm 之间的合格品，而千分尺的测量误差为 +4μm 时，测得值就可能大于其上极限偏差，于是误判为废品，即导致误废。同理，当轴径的实际偏差为在 −17～−13μm 之间的废品或在 −13～−9μm 之间的合格品，而千分尺的测量误差又分别为 +4μm 或 −4μm 时，则将导致误收和误废。

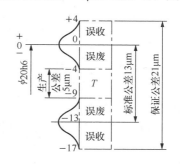

图 5.2　测量误差对测量结果的影响

误收会影响产品质量，误废会造成经济损失。

2. 验收极限

为了保护产品质量，可以把孔、轴实际组成的要素的验收极限从它们的上、下极限尺寸分别向公差带内移动一段距离，这就能减少误收率或达到误收率为零，但会增大误废率，因此正确地确定验收极限，具有重要的意义。

《产品几何技术规范（GPS）　光滑工件尺寸的检验》（GB/T 3177—2009）对如何确定验收极限规定了两种方式，并对如何选用这两种验收极限方式，亦作了具体规定。

（1）验收极限方式的确定

验收极限可以按照下列两种方式之一确定。

1）内缩方式。内缩方式的验收极限是从规定的上、下极限尺寸分别向工件公差带内移动一个安全裕度 A 来确定的。

由于测量误差的存在，使得测量结果相对真值有一分散范围，其分散程度用测量不确定度表示。测量孔或轴的实际尺寸时，应根据孔、轴公差的大小规定测量不确定度允许值，以保证产品质量，此允许值称为安全裕度 A。GB/T 3117—2009 规定，A 值按工件尺寸公差 T 的 1/10 确定，其数值列于表 5.1。令 K_s 和 K_i 分别表示上验收极限和下验收极限，L_{max} 和 L_{min} 分别表示上极限尺寸和下极限尺寸，如图 5.3 所示，则

$$K_s = L_{max} - A$$
$$K_i = L_{min} + A$$

表 5.1　安全裕度 A 与计量器具的测量不确定度允许值 u_1　（单位：μm）

公差等级		IT6					IT7					IT8					IT9				
公称尺寸/mm		T	A	u_1			T	A	u_1			T	A	u_1			T	A	u_1		
大于	至			I	II	III			I	II	III			I	II	III			I	II	III
—	3	6	0.6	0.54	0.9	1.4	10	1.0	0.9	1.5	2.3	14	1.4	1.3	2.1	3.2	25	2.5	2.3	3.8	5.6
3	6	8	0.8	0.72	1.2	1.8	12	1.2	1.1	1.8	2.7	18	1.8	1.6	2.7	4.1	30	3.0	2.7	4.5	6.8
6	10	9	0.9	0.81	1.4	2.0	15	1.5	1.4	2.3	3.4	22	2.2	2.0	3.3	5.0	36	3.6	3.3	5.4	8.1
10	18	11	1.1	1.0	1.7	2.5	18	1.8	1.7	2.7	4.1	27	2.7	2.4	4.1	6.1	43	4.3	3.9	6.5	9.7
18	30	13	1.3	1.2	2.0	2.9	21	2.1	1.9	3.2	4.7	33	3.3	3.0	5.0	7.4	52	5.2	4.7	7.8	12
30	50	16	1.6	1.4	2.4	3.6	25	2.5	2.3	3.8	5.6	39	3.9	3.5	5.9	8.8	62	6.2	5.6	9.3	14
50	80	19	1.9	1.7	2.9	4.3	30	3.0	2.7	4.5	6.8	46	4.6	4.1	6.9	10	74	7.4	6.7	11	17
80	120	22	2.2	2.0	3.3	5.0	35	3.5	3.2	5.3	7.9	54	5.4	4.9	8.1	12	87	8.7	7.8	13	20
120	180	25	2.5	2.3	3.8	5.6	40	4.0	3.6	6.0	9.0	63	6.3	5.7	9.5	14	100	10	9.0	15	23
180	250	29	2.9	2.6	4.4	6.5	46	4.6	4.1	6.9	10	72	7.2	6.5	11	16	115	12	10	17	26
250	315	32	3.2	2.9	4.8	7.2	52	5.2	4.7	7.8	12	81	8.1	7.3	12	18	130	13	12	19	29
315	400	36	3.6	3.2	5.4	8.1	57	5.7	5.1	8.4	13	89	8.9	8.0	13	20	140	14	13	21	32
400	500	40	4.0	3.6	6.0	9.0	63	6.3	5.7	9.5	14	97	9.7	8.7	15	22	155	16	14	23	35
—	3	40	4.0	3.6	6.0	9.0	60	6.0	5.4	9.0	14	100	10	9.0	15		140	14	13	21	
3	6	48	4.8	4.3	7.2	11	75	7.5	6.8	11	17	120	12	11	18		180	18	16	27	
6	10	58	5.8	5.2	8.7	13	90	9.0	8.1	14	20	150	15	14	23		220	22	20	33	
10	18	70	7.0	6.3	11	16	110	11	10	17	25	180	18	16	27		270	27	24	41	
18	30	84	8.4	7.6	13	19	130	13	12	20	29	210	21	19	32		330	33	30	50	
30	50	100	10	9.0	15	23	160	16	14	24	36	250	25	23	38		390	39	35	59	
50	80	120	12	11	18	27	190	19	17	29	43	300	30	27	45		460	46	41	69	
80	120	140	14	13	21	32	220	22	20	33	50	350	35	32	53		540	54	49	81	
120	180	160	16	15	24	36	250	25	23	38	56	400	40	36	60		630	63	57	95	
180	250	185	18	17	28	42	290	29	26	44	65	460	46	41	69		720	72	65	110	
250	315	210	21	19	32	47	320	32	29	48	72	520	52	47	78		810	81	73	120	
315	400	230	23	21	35	52	360	36	32	54	81	570	57	51	80		890	89	80	130	
400	500	250	25	23	38	56	400	40	36	60	90	630	63	57	95		970	97	87	150	

2）不内缩方式。不内缩方式的验收极限等于规定的上极限尺寸和下极限尺寸，即 $K_s = L_{max}$，$K_i = L_{min}$。

（2）验收极限方式的选择

选择哪种极限验收方式，应综合考虑被测工件的不同精度要求、标准公差等级的高低、加工后尺寸的分布特性和工艺能力等因素。具体原则如下：

1）对于遵守包容要求Ⓔ的尺寸和标准公差等级高的尺寸，其验收极限按内缩方式确定。

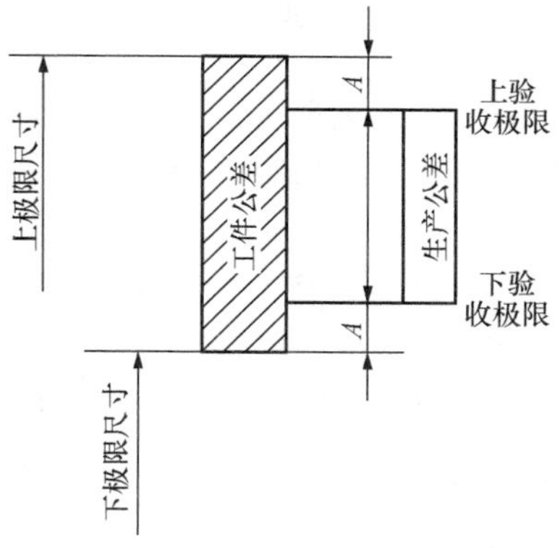

图 5.3　内缩的验收极限

2）当工艺能力指数 $C_P \geqslant 1$ 时，验收极限可以按不内缩方式确定；但对于采用包容要求Ⓔ的孔、轴，其最大实体尺寸一边的验收极限应该按单向内缩方式确定。

这里的工艺能力指数 C_P 是指工件尺寸公差 T 与加工工序工艺能力 $C\sigma$ 的比值，C 为常数，σ 为工序样本的标准偏差。如果工序尺寸遵循正态分布，则该工序的工艺能力为 6σ。在这种情况下，$C_P = T/6\sigma$。

3）对于偏态分布的尺寸，其验收极限可以只对尺寸偏向的一边按单向内缩方式确定。

4）对于非配合尺寸和一般公差的尺寸，验收极限按不内缩方式确定。

确定工件尺寸验收极限后，还须正确选择计量器具以进行测量。

3. 计量器具的选择

根据测量误差的来源，测量不确定度 u 是由计量器具的不确定度 u_1 和测量条件引起的测量不确定度 u_2 组成的。u_1 是表征由计量器具内在误差所引起的测得的实际尺寸对真实尺寸可能分散的一个范围，其中还包括使用的标准器（如调整比较仪示值零位用的量块、调整千分尺示值零位用的校正棒）的测量不确定度。u_2 是表征测量过程中由温度、压陷效应及工件形状误差等因素所引起的测得的实际尺寸对真实尺寸可能分散的一个范围。

u_1 和 u_2 均为随机变量，因此它们之和（测量不确定度）也是随机变量。但 u_1 与 u_2 对 u 的影响程度是不同的，u_1 的影响较大，u_2 的影响较小，u_1 与 u_2 一般按 2:1 的关系处理。由独立随机变量合成规则，得 $u = \sqrt{u_1^2 + u_2^2}$，因此 $u_1 = 0.9u$，$u_2 = 0.45u$。

当验收极限采用内缩方式，且把安全裕度 A 取为工件尺寸公差 T 的 1/10 时，为了满足生产上对不同的误收、误废允许率的要求，GB/T 3177—2009 将测量不确定度允许值 U 与 T 的比值 τ 分成三档。它们分别是：Ⅰ档 $\tau = 1/10$；Ⅱ档 $\tau = 1/6$；Ⅲ档 $\tau = 1/4$。相应的，计量器具的测量不确定度允许值 u_1 也按 τ 分档，$u_1 = 0.9u$。对于 IT6～IT11 的工件，u_1 分为Ⅰ，Ⅱ，Ⅲ三档；对于 IT12～IT18 的工件，u_1 分别为Ⅰ，Ⅱ两档。三个档次 u_1 的数值列于表 5.1 所示。

从表 5.1 选用 u_1 时，一般情况下优先选用 I 档，其次选用 II 档、III 档，然后按表 5.2～表 5.4 所列普通计量器具的测量不确定度 u_1' 的数值，选择具体的计量器具。所选择的计量器具的 u_1' 值应不大于 u_1 值。

当选用 I 档的 u_1 且所选择的计量器具的 $u_1' \leqslant u_1$ 时，$u = A = 0.1T$，根据理论分析，误收率为 0，产品质量得到保证，而误废率约 7%（工件实际尺寸遵循正态分布）～14%（工件实际尺寸遵循偏态分布）。

当选用 II 档、III 档的 u_1 且所选择的计量器具的 $u_1' \leqslant u_1$ 时，$u > A (A = 0.1T)$，误收率和误废率皆有所增大，u 对 A 的比值（>1）越大，则误收率和误废率的增大就越多。

当验收极限采用不内缩方式即安全裕度等于零时，计量器具的不确定度允许值 u_1 也分成 I、II、III 三档，从表 5.1 选用，亦应满足 $u_1' \leqslant u_1$。在这种情况下，根据理论分析，工艺能力指数 C_p 越大，在同一工件尺寸公差的条件下不同档次的 u_1 越小，则误收率和误废率就越小。

表 5.2　千分尺和游标卡尺的测量不确定度　　　　　（单位：mm）

尺寸范围		计量器具类型			
		分度值 0.01 外径千分尺	分度值 0.01 内径千分尺	分度值 0.02 游标卡尺	分度值 0.05 游标卡尺
大于	至	测量不确定度			
0	50	0.004			
50	100	0.005	0.008		0.05
100	150	0.006		0.020	
150	200	0.007			
200	250	0.008	0.013		
250	300	0.009			
300	350	0.010			
350	400	0.011	0.020		0.100
400	450	0.012			
450	500	0.013	0.025		
500	600				
600	700		0.030		
700	1000				0.150

表 5.3　比较仪的测量不确定度　　　　　　　　　（单位：mm）

尺寸范围		所使用的计算器具			
		分度值为 0.0005（相当于放大 2000 倍）的比较仪	分度值为 0.001（相当于放大 1000 倍）的比较仪	分度值为 0.002（相当于放大 400 倍）的比较仪	分度值为 0.005（相当于放大 250 倍）的比较仪
大于	至	测量不确定度			
	25	0.0006	0.0010	0.0017	0.0030
25	40	0.0007			
40	65	0.0008	0.0011	0.0018	
65	90				
90	115	0.0009	0.0012	0.0019	
115	165	0.0010	0.0013		
165	215	0.0012	0.0014	0.0020	0.0035
215	265	0.0014	0.0016	0.0021	
265	315	0.0016	0.0017	0.0022	

注：测量时，使用的标准器由 4 块 1 级（或 4 等）量块组成。

表 5.4　指示表的测量不确定度　　　　　　　　　（单位：mm）

尺寸范围		所使用的计量器具			
		分度值为 0.001mm 的千分表（0 级在全程范围内，1 级在 0.2mm 内）；分度值为 0.002mm 的千分表在 1 转范围内	分度值为 0.001mm，0.002mm，0.005mm 的千分表（1 级在全程范围内）；分度值为 0.01mm 的百分表（0 级在任意 1mm 内）	分度值为 0.01mm 的百分表（0 级在全程范围内，1 级在任意 1mm 内）	分度值为 0.01mm 的百分表（1 级在全程范围内）
大于	至	测量不确定度/mm			
	25	0.005	0.010	0.018	0.030
25	40				
40	65				
65	90				
90	115				
115	165	0.006			
165	215				
215	265				
265	315				

5.1.2　光滑极限量规设计

《光滑极限量规》（GB/T 1957—2006）用于检验遵守包容要求，即"ER"的大批量生产的单一实际要素，多用来判定圆形孔、轴的合格性。

光滑极限量规是一种无刻度的专用检验工具，用它来检验工件时，只能确定工件是否在允许的极限尺寸范围内，却不能测量出工件的实际组成要素。光滑极限量规中检验孔用的量规称塞规，检验轴用的量规称环规或卡规。量规有通规和止规之分，通常成对使用，用通规来控制工件的体外作用尺寸，用止规来控制工件的实际尺寸，如图 5.4 所示。

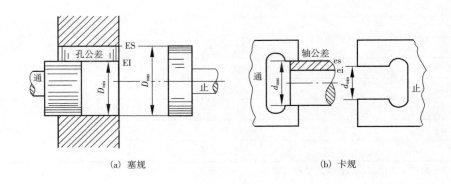

(a) 塞规　　　　　　　　　　　　　(b) 卡规

图 5.4　光滑极限量规

工作量规的设计就是根据工件图样上的要求，设计出能够把工件尺寸控制在允许的公差范围内的适用的量规。量规设计包括选择量规结构形式、确定量规结构尺寸、计算量规工作尺寸以及绘制量规工作图。

1. 光滑极限量规的设计原理

光滑极限量规的设计应遵守极限尺寸判断原则（泰勒原则），即工件的体外作用尺寸（D_{fe}、d_{fe}）不超越最大实体尺寸（MMS），工件的实际组成要素（D_a、d_a）不超越最小实体尺寸（LMS）。

对于孔工件应满足

$$D_{fe} \geqslant D_{\min} \qquad (D_{\min} = D_{mms})$$
$$D_a \leqslant D_{\max} \qquad (D_{\max} = D_{lms})$$

对于轴工件应满足

$$d_{fe} \leqslant d_{\max} \qquad (d_{\max} = d_{mms})$$
$$d_a \geqslant d_{\min} \qquad (d_{\min} = d_{lms})$$

光滑极限量规的设计要求：使通规具有 MMS 边界的形状（全形通规），使止规应具有与被测孔、轴成两个点接触的形状（两点式止规）。但在实际设计中，允许光滑极限量规偏离泰勒原则（如采用非全形通规，全形止规，或量规长度不够）。在这种情况下，使用光滑极限量规应注意操作的正确性（非全形通规应旋转）。

用符合泰勒原则的量规检验工件时，若通规能通过而止规不能通过，则工件合格；反之，工件不合格。

2. 量规的分类

（1）按被检验工件类型分类

1）塞规——用以检验被测工件为孔的量规。

2）卡规——用以检验被测工件为轴的量规。

（2）按量规用途分类

1）工作量规。工作量规是生产过程中操作者检验工件时所使用的量规。通规用代号"T"表示，止规用代号"Z"表示。

2）验收量规。验收量规是验收工件时检验人员或用户代表所使用的量规。验收量规一般不需要另行制造，它是从磨损较多，但未超出磨损极限的工作量规中挑选出来的，验收量规的止规应接近工件的最小实体尺寸。这样，操作者用工作量规自检合格的产品，当检验员用验收量规验收时也一定合格。

3）校对量规。校对量规是检验工作量规的量规。因为孔用工作量规便于用精密量仪测量，故国家标准未规定校对量规，只对轴用量规规定了校对量规。

校对量规有三种形式，其名称、代号、用途见表5.5。

表 5.5　校对量规

验收对象		量规形状	量规名称	量规代号	用　途	检验合格的标志
轴用工作量规	通规	塞规	校通一通	TT	防止通规制造尺寸过小	通过
	止规		校止一通	ZT	防止止规制造尺寸过小	通过
	通规		校通一损	TS	防止通规使用中磨损过大	不通过

3. 量规尺寸公差带

虽然量规是一种精密的检验工具，其制造精度要求比被测工件更高，但在制造时也不可避免地存在制造误差，因此对量规也必须规定制造公差。

由于通规在使用过程中经常通过工件，因而会逐渐磨损。为了使通规具有一定的使用寿命，应留出适当的磨损储量，因此规定将通规公差带从最大实体尺寸向工件公差带内缩一个距离；止规不通过工件，因此规定将止规公差带放在工件公差带内，紧靠最小实体尺寸处。校对量规公差带不需留磨损储量。

（1）工作量规的公差带

国家标准 GB 1957—2006 规定量规的公差带不得超越工件的公差带。这样有利于防止误收，保证产品的质量及其互换性。但也可能产生误废，实际上是提高了零件的制造精度。工作量规的公差带分布如图 5.5 所示。图中 T 为量规制造公差，Z 为位置要素（即通规制造公差带中心到工件最大实体尺寸之间的距离），T、Z 值取决于工件尺寸的大小及公差等级；T_P 为校对量规的尺寸公差。通规的磨损极限尺寸等于工件的最大实体尺寸。国家标准规定的 T 值及 Z 值见表5.6。

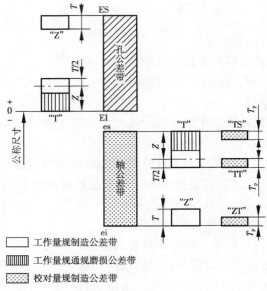

图 5.5　量规公差带分布

表 5.6　量规制造公差 *T* 和位置要素 *Z* 值（摘自 GB 1957—2006）（单位：μm）

工件公称尺寸/mm	IT6			IT7			IT8			IT9			IT10			IT11			IT12		
	IT6	*T*	*Z*	IT7	*T*	*Z*	IT8	*T*	*Z*	IT9	*T*	*Z*	IT10	*T*	*Z*	IT11	*T*	*Z*	IT12	*T*	*Z*
—3	6	1	1	10	1.2	1.6	14	1.6	2	25	2	3	40	2.4	4	60	3	6	100	4	9
>3～6	8	1.2	1.4	12	1.4	2	18	2	2.6	30	2.4	4	48	3	5	75	4	8	120	5	11
>6～10	9	1.4	1.6	15	1.8	2.4	22	2.4	3.2	36	2.8	5	58	3.6	6	90	5	9	150	6	13
>10～18	11	1.6	2	18	2	2.8	27	2.8	4	43	3.4	6	70	4	8	110	6	11	180	7	15
>18～30	13	2	2.4	21	2.4	3.4	33	3.4	5	52	4	7	84	5	9	130	7	13	210	8	18
>30～50	16	2.4	2.8	25	3	4	39	4	6	62	5	8	100	6	11	160	8	16	250	10	22
>50～80	19	2.8	3.4	30	3.6	4.6	46	4.6	7	74	6	9	120	7	13	190	9	19	300	12	26
>80～120	22	3.2	3.8	35	4.2	5.4	54	5.4	8	87	7	10	140	8	15	220	10	22	350	14	30
>120～180	25	3.8	4.4	40	4.8	6	63	6	9	100	8	12	160	9	18	250	12	25	400	16	35
>180～250	29	4.4	5	46	5.4	7	72	7	10	115	9	14	185	10	20	290	14	29	460	18	40
>250～315	32	4.8	5.6	52	6	8	81	8	11	130	10	16	210	12	22	320	16	32	520	20	45
>315～400	36	5.4	6.2	57	7	9	89	9	12	140	11	18	230	14	25	360	18	36	570	22	50
>400～500	40	6	7	63	8	10	97	10	14	155	12	20	250	16	28	400	20	40	630	24	55

（2）校对量规的公差带

校对量规的公差 T_P 为被校对轴用量规制造公差的 50%，校对量规的形状公差应控制在其尺寸公差带内。由于校对量规精度高，制造困难，而目前测量技术又在不断发展，因此在实际生产中逐渐用量块或计量仪器代替校对量规。

1）校通—通（TT）。它用在轴用通规制造时，其作用是防止通规尺寸小于其下极限尺寸，故公差带是从通规的下极限偏差起向轴用通规公差带内分布。检验时该校对塞规应通过轴用通规，否则该轴用通规不合格。

2）校止—通（ZT）。它用在轴用止规制造时，其作用是防止止规尺寸小于其下极限尺寸，故其公差带是从止规的下极限偏差起向轴用止规公差带内分布。检验时，该校对塞规应通过轴用止规，否则该轴用止规不合格。

3）校通—损（TS）。它用于检验使用中的轴用通规，其作用是防止通规在使用过程中超过磨损极限尺寸，故其公差带是从通规的磨损极限起向轴用通规公差带内分布。

光滑极限量规国家标准（GB/T 1957 — 2006）没有规定验收量规标准，但标准推荐：制造厂检验工件时，生产工人应该使用新的或磨损较少的工作量规"通规"；检验部门应该使用与生产工人相同型式且已磨损较多的工作量规"通规"。

用户代表在用量规验收工件时，通规应接近工件最大实体尺寸，止规应接近工件最小实体尺寸。

在用上述规定的量规检验工件时，如果判断有争议，应使用下述尺寸的量规来仲裁。

通规应等于或接近工件最大实体尺寸。

止规应等于或接近工件最小实体尺寸。

4. 量规的结构形式

在量规的实际应用中，由于量规制造和使用方面的原因，要求量规形状完全符合泰勒原则是困难的。因此国家标准规定，允许在被检测工件的形状误差不影响配合性质的条件下，使用偏离泰勒原则的量规。例如，检验曲轴类零件的轴颈尺寸，全形的通规无法套到被检部位，而只能改用不全形规；对于大尺寸的检验，全形的通规笨重无法使用，也只能用不全形的通规；在小尺寸的检验中，若将止规做成不全形的两点式形式，不仅使用强度低，耐磨性差，而且制造精度也难保证，因此小尺寸的止规也常按全形规制造；点状止规在检验中易于磨损、变形，因而往往用小平面或球面代替。国家标准推荐了量规的形式和应用尺寸范围，参见图 5.6。

5. 量规的技术要求

（1）量规的材料

量规测量面的材料与硬度对量规的使用寿命有一定影响。量规可用合金工具钢（如 GrMn、GrMnW、GrMoV）、碳素工具钢（如 T10A）、渗碳钢（如 20 钢）以及其他耐磨材料（如硬质合金）制造。手柄一般用 Q235 钢、LY11 铝等材料制造，量规测量面硬度为 HRC58—62，并经过稳定性热处理。

（2）几何公差

国家标准规定了 IT6～IT12 工件的量规公差。量规的形状公差一般为量规制造公差的 50％。考虑到制造和测量的困难，当量规的制造公差小于或等于 0.002mm 时，其

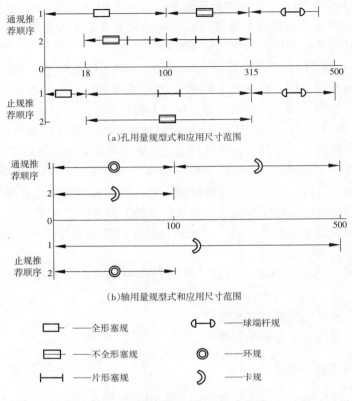

图 5.6　量规形式及应用尺寸范围

几何公差仍取 0.001mm。

（3）表面粗糙度

量规表面不应有锈迹、毛刺、黑斑、划痕等明显影响外观和使用质量缺陷。量规测量表面的表面粗糙度参数见表 5.7。

表 5.7　量规测量面的表面粗糙度

工作量规	被检工件公称尺寸/mm		
	≤120	>120～315	>315～500
	表面粗糙度 $R_a/\mu m$		
IT6 级孔用量规	>0.02～0.04	>0.04～0.08	>0.08～0.16
IT6 至 IT9 级轴用量规 IT7 至 IT9 级孔用量规	>0.04～0.08	>0.08～0.16	>0.16～0.32
IT10 至 IT12 级孔、轴用量规	>0.08～0.16	>0.16～0.32	>0.32～0.63
IT13 至 IT16 级孔、轴用量规	>0.16～0.32	>0.32～0.63	>0.32～0.63

6. 量规的工作尺寸计算

量规工作尺寸的计算步骤如下：
1）查出被测工件的极限偏差。
2）查出工作量规的公差 T 值和位置要素 Z 值，并确定量规的几何公差。
3）画出工件和量规的公差带图。
4）计算量规的极限尺寸。
5）画出量规图样。

5.2 项目实施：计量器具选择及工作量规设计

5.2.1 轴用计量器具选择

如图 5.1 所示，试确定测量 $\phi45\text{m6}$ $\left(^{+0.025}_{+0.009}\right)$ ⒠轴时的验收极限，选择相应的计量器具。

1）确定验收极限。$\phi45\text{m6}$ $\left(^{+0.025}_{+0.009}\right)$ ⒠轴采用包容要求，因此验收极限应按内缩方式确定，从表 5.1 查得安全裕度 $A=0.0016$，其上下验收极限为

$$K_s = L_{max} - A = 45.025 - 0.0016 = 45.0234\text{mm}$$

$$K_i = L_{min} + A = 45.009 + 0.0016 = 45.0106\text{mm}$$

2）选择计量器具。由表 5.1 按优先选用Ⅰ档的计量器具测量不确定度允许值的原则，确定 $u_1 = 0.014\text{mm}$。

由表 5.3 选用分度值为 0.001mm 的比较仪，其测量不确定度 $u_1' = 0.0011 < u_1$，所以用分度值为 0.001mm 的比较仪能满足测量要求。

5.2.2 轴用工作量规设计

检验如图 5.1 所示的减速器输出轴 $\phi45\text{m6}$⒠轴径（大批量生产），设计工作量规。
1）选择量规的结构形式：单头双极限圆形卡状卡规。
2）量规工作尺寸的计算如下。
由表 5.2 查出卡规的制造公差 $T=2.4\mu m$，位置公差 $Z=2.8\mu m$，公差带如图 5.7 所示。

卡规通端：

上极限偏差 $= es - Z + \dfrac{T}{2} = \left(0.025 - 0.0028 + \dfrac{0.0024}{2}\right)\text{mm} = +0.0234\text{mm}$

下极限偏差 $= es - Z - \dfrac{T}{2} = \left(0.025 - 0.0028 - \dfrac{0.0024}{2}\right)\text{mm} = +0.0210\text{mm}$

所以，通端尺寸为 $\phi45^{+0.0234}_{+0.0210}\text{mm}$，也可按工艺尺寸标注为 $\phi45.0210^{+0.0024}_{0}\text{mm}$。

卡规止端：

上极限偏差 $= ei + T = (0.009 + 0.0024)\text{mm} = +0.0114\text{mm}$

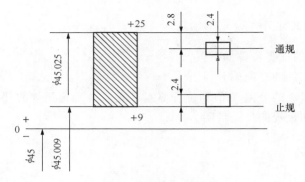

图 5.7　量规公差带图

下极限偏差＝ei＝＋0.009mm

所以，止端尺寸为 $\phi 45^{+0.0114}_{+0.009}$ mm，也可按工艺尺寸标注为 $\phi 45.009^{+0.0024}_{0}$ mm。

3）量规的技术要求如下。

量规应稳定处理；

测量面不应有任何缺陷；

硬度 HRC58—65；

形状误差为尺寸误差的 1/2。

由表 5.3 查得测量面的表面粗糙度参数 $R_a \leqslant 0.05\mu m$。

量规工作图见图 5.8。

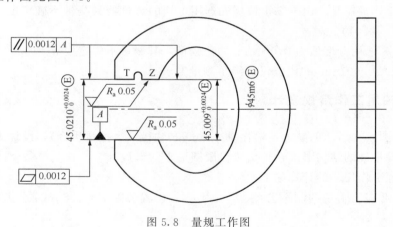

图 5.8　量规工作图

思考与练习

5.1　验收工件时为什么会发生误判？何为误收？何为误废？

5.2　试计算 $\phi 30H7/f6$ 配合孔、轴的验收极限尺寸，并选择计量器具。

5.3　试确定 $\phi 20g8$ 轴的验收极限，并选择相应的计量器具。该轴可否使用分度值为 0.01mm 的千分尺进行测量，并加以分析。

5.4　论述光滑极限量规的作用和分类。

5.5　工作量规的通规和止规分别控制工件的哪个极限尺寸?

5.6　为什么对通规除规定公差带的大小 T 值外，还规定公差带位置要素 Z 值?

5.7　根据泰勒原则设计量规，对量规测量面的型式有何要求? 量规偏离其理论形状的前提条件是什么?

5.8　设计 $\phi40G7/h6$ 孔、轴用工作量规，并画出工作量规公差带图。

项目 6

滚动轴承配合选择及标注

知识目标

1. 了解滚动轴承精度等级及其选用。
2. 掌握滚动轴承内径、外径公差带的特点。
3. 掌握国家标准有关与滚动轴承配合的轴和孔公差带的规定。
4. 了解与滚动轴承配合的轴和孔的尺寸公差及其他技术要求。

技能目标

1. 能根据使用要求,合理选用滚动轴承的精度等级。
2. 能根据国家标准有关与滚动轴承配合的轴和孔公差带的规定,
   选择轴和孔公差及其他技术要求。
3. 能在技术图样上正确标注轴和外壳孔的公差带代号、表面粗
   糙度代号及几何公差要求。

滚动轴承具有摩擦系数小,润滑简便、易于更换等许多优点,因而,在机械制造中作为转动支承得到广泛应用。

滚动轴承的工作性能和使用寿命主要取决于轴承本身的制造精度,同时还与滚动轴承相配合的轴颈和外壳孔的制造精度有关,以及安装正确与否等因素有关。滚动轴承精度在很大程度上决定了机械产品的旋转精度。

当机械产品应用滚动轴承时,精度设计的任务是:

1) 选择滚动轴承的精度等级。
2) 确定与滚动轴承配合的轴颈和外壳孔的尺寸公差带代号。
3) 确定与滚动轴承配合的轴颈和外壳孔的几何公差及表面粗糙度要求。

6.1 相关知识：滚动轴承配合

6.1.1 滚动轴承的精度等级及内外径公差

滚动轴承精度设计的首要任务是选择精度等级及内外径的公差。

1. 滚动轴承的组成特点及精度等级

如图 6.1 所示，滚动轴承是标准化部件，一般由外圈、内圈、滚动体（滚子或钢球）和保持架组成。

滚动轴承的外径 D、内径 d 是配合尺寸，分别与外壳孔和轴颈相配合。滚动轴承与外壳孔及轴颈的配合属于光滑圆柱体配合，其互换性为完全互换；而内、外圈滚道与滚动体的装配一般采用分组装配，其互换性为不完全互换。

滚动轴承的精度等级是按其外形尺寸公差和旋转精度分级的。外形尺寸公差是指成套轴承的内径、外径和宽度的尺寸公差；旋转精度主要指轴承内、外圈的径向跳动、端面对滚道的跳动和端面对内孔的跳动等。

根据国家标准 GB/T 307.3—2005 的规定，向心轴承（圆锥滚子轴承除外）按其尺寸公差和旋转精度分为五个公差等级，用 0、6、5、4、2 表示，精度依次提高（相当于 GB307.3—1984 中的 G、E、D、C 和 B 级）；圆锥滚子轴承精度分为 0、6x、5 和 4 共四级；推力轴承分为 0、6 和 4 共四级。公差带如图 6.2 所示。

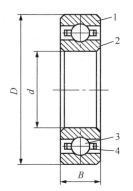

图 6.1 滚动轴承
1—外圈；2—内圈；
3—滚动体；4—保持架

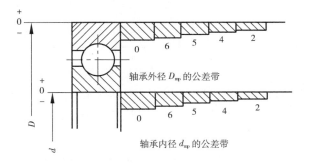

图 6.2 轴承单一平面平均内外径的公差带

2. 滚动轴承精度等级的选用

滚动轴承各级精度的应用情况如下：

0 级轴承常称为普通级轴承，在机械中应用最广。它主要用于旋转精度要求不高的机构。例如，普通机床中的变速箱和进给箱，汽车、拖拉机的变速箱，普通电机、水泵、压缩机和汽轮机中的旋转机构等。

6 级轴承用于转速较高的旋转机构。例如，普通机床的主轴后轴承、精密机床变速箱的轴承等。

5、4 级轴承应用于转速较高和旋转精度也要求较高的机械，如机床主轴、精密仪器和机械中使用的轴承。

2 级轴承用于旋转精度和转速很高的机械，如坐标镗床主轴、高精度仪器和各种高精度磨床主轴所用的轴承。

3. 滚动轴承的内径、外径公差带及其特点

滚动轴承的内圈、外圈都是薄壁零件，在制造和保管过程中容易变形，但当轴承内圈与轴、外圈与外壳孔装配后，这种少量的变形会得到一定程度的矫正。因此，国家标准对滚动轴承内、外径分别规定了两种尺寸公差及其尺寸的变动量，用以控制配合性质和限制自由状态下的变形量。其中，对配合性质影响最大的是单一平面平均内（外）径偏差 Δd_{mp}（ΔD_{mp}），即轴承套圈任意横截面内测得的最大直径与最小直径的平均值 d_m（D_m）与公称直径 d（D）差必须在极限偏差范围内，因为平均直径是配合时起作用的尺寸。

表 6.1 列出了部分向心轴承 Δd_{mp} 和 ΔD_{mp} 的极限值。

表 6.1　向心轴承 Δd_{mp} 和 ΔD_{mp} 的极限值（摘自 GB T 307.1—2005）

精度等级			0		6		5		4		2	
基本直径/mm			极限偏差/μm									
大于		到	上偏差	下偏差	上偏差	下偏差	上偏差	下偏差	上偏差	下偏差	上偏差	下偏差
内圈	18	30	0	−10	0	−8	0	−6	0	−5	0	−2.5
	30	50	0	−12	0	−10	0	−8	0	−6	0	−2.5
外圈	50	80	0	−13	0	−11	0	−9	0	−7	0	−4
	80	120	0	−15	0	−13	0	−10	0	−8	0	−5

滚动轴承外圈和外壳孔的配合，采用基轴制；内圈与轴颈的配合采用基孔制。

轴承内圈通常与轴一起旋转。为防止内圈和轴颈的配合相对滑动而产生磨损，影响轴承的工作性能，要求配合面间具有一定的过盈，但过盈量不能太大。因此国家标准规定：内圈基准孔公差带位于零线的下方。即上偏差为零，下偏差为负值。

轴承外圈安装在外壳孔中，通常不旋转，考虑到工作时温度升高会使轴膨胀，两端轴承中有一端应是游动支承，可让外圈与外壳孔的配合稍松一点，使之能补偿轴的热胀伸长量，不然轴弯曲，轴承内部就有可能卡死。因此国家标准规定：轴承外圈的公差带位于零线的下方。它与基本偏差 h 的公差带相类似，但公差值不同。

6.1.2　轴和外壳孔与滚动轴承的配合选择

滚动轴承的配合是指成套轴承的内孔与轴和外径与外壳孔的尺寸配合。合理地选择其配合对于充分发挥轴承的技术性能、保证机器正常运转、提高机械效率、延长使用寿命都有极其重要的意义。

1. 轴和外壳孔的公差带

国家标准 GB/T 275—1993 对与轴承内径配合的轴颈规定了 17 种公差带，对与轴承外圈外径配合的外壳孔规定了 16 种公差带，如图 6.3 所示。

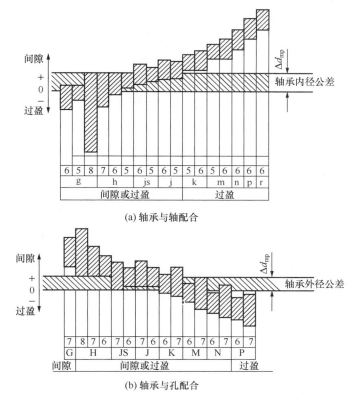

图 6.3　轴承与轴和外壳孔的配合公差带图

2. 轴和外壳孔与滚动轴承配合的选用

正确选择轴承的配合，对保证机器正常运转、提高轴承使用寿命、充分发挥其承载能力关系很大，选择时主要考虑下列因素。

（1）负荷的性质

作用在轴承上的径向负荷，一般是由定向负荷（如皮带的拉力或齿轮的作用力）和旋转负荷（如机件的离心力）合成的。按照作用方向与套圈的相对运动关系，径向负荷可以分为：

1）局部负荷。与套圈相对静止的径向负荷称为局部负荷。作用在静止套圈上的方向不变的径向负荷 F_r 即为局部负荷，如图 6.4（a）中的外圈和图 6.4（b）中的内圈所承受的负荷。

2）循环负荷。与套圈相对旋转的径向负荷称为循环负荷。作用在旋转套圈上的方向不变的径向负荷 F_r，即为循环负荷，如图 6.4（a）中的内圈和图 6.4（b）中的外圈所承受的负荷。

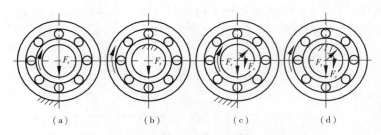

图 6.4　轴承套圈承受负荷的类型

3）摆动负荷。局部负荷与较小的循环负荷的合成称为摆动负荷。承受摆动负荷的套圈，其合成的径向负荷相对于套圈在有限范围内摆动，因此，只有套圈的一部分受到负荷的作用。例如在图 6.4（c）和图 6.4（d）所示，当定向负荷 F_r 大于旋转负荷 F_c 时，二者的合成负荷的大小将周期性的变化，且在一定区域内摆动如图 6.5 所示。此时静止的套圈承受摆动负荷，而旋转套圈则仍承受循环负荷。

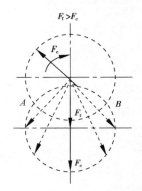

图 6.5　摆动负荷

承受局部负荷的套圈应选较松的过渡配合或较紧的间隙配合，以便使套圈滚道间的摩擦力矩带动套圈转位，使套圈受力均匀，延长轴承的使用寿命。承受循环负荷的套圈应选过盈配合或较紧的过渡配合，其过盈量的大小以不使套圈与轴颈或外壳孔配合表面产生爬行现象为原则。承受摆动负荷的套圈，其配合可与循环负荷相同或稍松。

（2）当量径向动负荷 F_r

向心轴承负荷的大小用径向当量动负荷 P_r 与径向额定动负荷 C_r 的比值区分，如表 6.2。承受重负荷或冲击负荷的套圈，容易产生变形，使配合面受力不均匀，引起配合松动，应选较紧的配合；承受较轻的负荷，可选较松的配合。

表 6.2　负荷大小区分

负荷大小	P_r/C_r	负荷大小	P_r/C_r
轻负荷	≤0.07	重负荷	＞0.15
正常负荷	＞0.07～0.15		

（3）其他因素

轴承工作时，由于摩擦发热和其他热源的影响，套圈的温度高于与其配合零件的温度。因此，轴承内圈与轴的配合可能变松；外圈与外壳孔的配合可能变紧，从而影响轴承的轴向游隙，所以轴承的工作温度较高时，应对选用的配合进行适当的修正。

对重型机械用的大型或特大型的轴承，为便于安装与拆卸，宜采用较松的配合；当轴承的旋转速度较高，又在冲击振动负荷下工作时，轴承与轴的配合最好选过盈配合。

轴颈和外壳孔的公差等级随轴承的公差等级、旋转精度和运动平稳性的提高应相应提高。与 0、6 两公差等级的轴承相配合的轴颈和外壳孔的公差等级，一般分别为 IT7 和 IT6。

综上所述，影响滚动轴承配合选用的因素很多，通常难以用计算法确定，所以在实际设计时常采用类比法。表 6.3 和表 6.4 分别列出安装向心轴承和角接触轴承的轴颈和外壳孔的公差带的选择，可供设计时参考。

表 6.3　向心轴承和轴的配合　轴公差带代号（摘自 GB/T 275—1993）

圆柱孔轴承					
运转状态		负荷状态	深沟球轴承、调心球轴承和角接触球轴承	圆柱滚子轴承和圆锥滚子轴承	调心滚子轴承	公差带
说明	举例		轴承公称内径/mm			
旋转的内圈负荷及摆动负荷	一般通用机械、电动机、机床主轴、泵、内燃机、直齿轮传动装置、铁路机车车辆轴箱、破碎机等	轻负荷	≤18	—	—	h5
			>18～100	≤40	≤40	j6①
			>100～200	>40～140	>40～100	k6①
			—	>140～200	>100～200	m6①
		正常负荷	≤18	—	—	j5js5
			>18～100	≤40	≤40	k5②
			>100～140	>40～100	>40～65	m5②
			>140～200	>100～140	>65～100	m6
			>200～280	>140～200	>100～140	n6
			—	>200～400	>140～280	p6
			—	—	>280～500	r6
		重负荷	>50～140	>50～100		n6
			>140～200	>100～140		p6③
			>200	>140～200		r6
			—	>200		r7
固定的内圈负荷	静止轴上的各种轮子、张紧轮、绳轮、振动筛、惯性振动器	所有负荷	所有尺寸			f6
						g6①
						h6
						j6
仅有轴向负荷			所有尺寸			j6、js6
圆锥孔轴承					
所有负荷	铁路机车车辆轴箱		装在退卸套上的所有尺寸			h8（IT6）⑤④
	一般机械传动		装在紧定套上的所有尺寸			h9（IT7）⑤④

① 凡对精度有较高要求的场合，应用 j5、k5、…代替 j6、k6、…。
② 圆锥滚子轴承、角接触球轴承配合对游隙影响不大，可用 k6、m6 代替 k5、m5。
③ 重负荷下轴承游隙应选大于 0 组。
④ 凡有较高精度或转速要求的场合，应选用 h7（IT5）代替 h8（IT6）等。
⑤ IT6、IT7 表示圆柱度公差数值。

表 6.4　向心轴承和外壳孔的配合、孔公差带代号（摘自 GB/T 275—1993）

运转状态		负荷状态	其他状况	公差带[1]	
说　明	举　例			球轴承	滚子轴承
固定的外圈负荷	一般机械、铁路机车车辆轴箱、电动机、泵、曲轴主轴承	轻、正常、重	轴向易移动，可采用剖分式外壳	H7、G7[2]	
		冲击	轴向能移动，可采用整体或剖分式外壳	J7、JS7	
摆动负荷		轻、正常			
		正常、重		K7	
		冲击		M7	
旋转的外圈负荷	张紧滑轮、轮毂轴承	轻	轴向不移动，采用整体式外壳	J7	K7
		正常		K7、M7	M7、N7
		重		—	N7、P7

① 并列公差带随尺寸的增大从左至右选择，对旋转精度有较高要求时，可相应提高一个公差等级。

② 不适用于剖分式外壳。

3. 轴颈和外壳孔的几何公差和表面粗糙度

　　轴颈或外壳孔的几何误差，会使轴承安装后套圈变形和产生歪斜，因此为保证轴承正常运转，除了正确地选择轴承与轴颈及壳体的公差等级外，应对其配合面的表面粗糙度评定参数值、圆柱度公差以及端面的圆跳动公差提出合理的要求。书中表 6.5 和表 6.6 分别列出了轴和外壳孔的几何公差及配合表面的粗糙度，可供设计时选用。

表 6.5　轴和外壳孔的几何公差

公称尺寸/mm		圆柱度 t				端面圆跳动 t_1			
		轴　颈		外壳孔		轴　肩		外壳孔肩	
		轴承公差等级							
		0	6（6x）	0	6（6x）	0	6（6x）	0	6（6x）
大于	至	公差值/μm							
	6	2.5	1.5	4	2.5	5	3	8	5
6	10	2.5	1.5	4	2.5	6	4	10	6
10	18	3.0	2.0	5	3.0	8	5	12	8
18	30	4.0	2.5	6	4.0	10	6	15	10
30	50	4.0	2.5	7	4.0	12	8	20	12
50	80	5.0	3.0	8	5.0	15	10	25	15
80	120	6.0	4.0	10	6.0	15	10	25	15
120	180	8.0	5.0	12	8.0	20	12	30	20
180	250	10.0	7.0	14	10.0	20	12	30	20
250	315	12.0	8.0	16	12.0	25	15	40	25
315	400	13.0	9.0	18	13.0	25	15	40	25
400	500	15.0	10.0	20	15.0	25	15	40	25

表 6.6　配合面的表面粗糙度　　　　　　　　　　　（单位：μm）

轴或轴承座直径/mm		轴或轴承配合表面直径公差等级								
		IT7			IT6			IT5		
		表面粗糙度								
大于	至	R_z	R_a		R_z	R_a		R_z	R_a	
			磨	车		磨	车		磨	车
	80	10	1.6	3.2	6.3	0.8	1.6	4	0.4	0.8
80	500	16	1.6	3.2	10	1.6	3.2	6.3	0.8	1.6
端面		25	3.2	6.3	25	3.2	6.3	10	1.6	3.2

4. 滚动轴承的标注

在装配图上标注滚动轴承与轴和外壳孔的配合时，只需标注轴和外壳孔的公差带代号。图 6.6 即为滚动轴承与轴、外壳孔在装配图上的标注，以及轴颈、外壳孔零件图的标注示例。

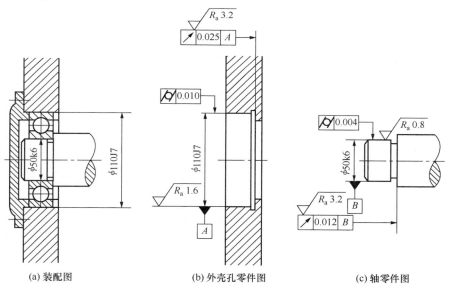

(a) 装配图　　　　　　　(b) 外壳孔零件图　　　　　　　(c) 轴零件图

图 6.6　轴颈和外壳孔公差和表面粗糙度在图样上标注示例

6.2　项目实施：滚动轴承配合选择

图 6.6（a）所示为某减速器输出轴轴颈部分的装配图，已知该圆柱齿轮减速器小齿轮要求有较高的旋转精度，装有 7310C 角接触球轴承，轴承内径尺寸为 50mm，外径尺寸为 110mm，宽度为 27mm，额定动负荷 $C_r=53.5$kN，轴承承受的当量径向负荷 $F_r=5.35$kN。试用类比法确定轴承与轴和外壳孔配合的公差带代号，画出公差带图，

并确定孔、轴的几何公差值和表面粗糙度参数值，将它们分别标注在装配图和零件图上。

1）按已知条件，可算得 $0.07 \leqslant \frac{F_r}{C_r} = 0.1 \leqslant 0.015$，属于正常负荷。

2）按减速器的工作状况可知，内圈为旋转负荷，外圈为定向负荷，内圈与轴的配合应较紧，外圈与外壳孔配合应较松。

3）根据以上分析，参考表 6.3、6.4 选用轴的公差带代号为 k5，由于轴承为角接触球轴承，可用 k6 代替 k5。外壳孔的公差带为 G7 或 H7。但由于轴的旋转精度要求较高，故选用更紧一些的配合，选择孔公差带为 J7（基轴制配合）较为恰当。

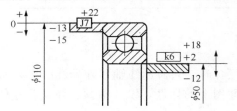

图 6.7　轴承与轴、孔配合的公差带图

4）查表 6.1 得 0 级轴承内外圈单一平面平均直径的上、下极限偏差，再由标准公差数值表和孔、轴基本偏差数值表查出 50k6 和 110J7 的上、下极限偏差，从而画出轴承与轴、孔配合的公差带图，如图 6.7 所示。

5）由图 6.7 可知，内圈与轴配合的 $Y_{max} = -0.030$mm，$Y_{min} = -0.002$mm；外圈与外壳孔配合的 $X_{max} = +0.037$mm，$Y_{max} = -0.013$mm。

6）按表 6.5 选取几何公差值。圆柱度公差：轴颈为 0.004mm，外壳孔为 0.010mm；端面跳动公差：轴肩为 0.012mm，外壳孔肩为 0.025mm。

7）按表 6.6 选取表面粗糙度数值。轴颈尺寸为 50，尺寸公差为 IT6，加工方法选磨削，轴外圆等级表面粗糙度取 $R_a \leqslant 0.8 \mu$m，轴肩端面粗糙度取 $R_a \leqslant 3.2 \mu$m；外壳孔尺寸为 110，尺寸公差等级为 IT7，加工方法为磨削，孔表面粗糙度取 $R_a \leqslant 1.6 \mu$m，轴肩端面取 $R_a \leqslant 3.2 \mu$m。

8）将选择的上述各项公差和表面粗糙度参数标注在图上，如图 6.6 所示。

思考与练习

6.1　滚动轴承的精度分为几级？其代号如何？各应用在什么场合？

6.2　滚动轴承与轴、外壳孔配合，采用何种基准制？

6.3　滚动轴承的内、外径公差带布置有何特点？与圆柱体极限与配合中的基准孔、基准轴的公差带是否一致？

6.4　选择轴承与轴、外壳孔配合时主要考虑哪些因素？

6.5　已知减速器的从动轴上装有齿轮，其两端的轴承为 0 级单列深沟球轴承（轴承内径 $d = 55$mm，外径 $D = 100$mm），轴承承受的当量径向动负荷 $F_r = 2000$N，额定动负荷 $C_r = 34\,000$N，试确定轴颈和外壳孔的公差带、形位公差值和表面粗糙度数值，并标注在图样上。

项目 7

键连接的配合选择及检测

知识目标

    1. 了解平键连接的配合种类及应用。

    2. 掌握平键连接尺寸公差、几何公差及表面粗糙度要求。

    3. 了解花键连接的定心方式。

    4. 掌握矩形花键连接尺寸公差、几何公差及表面粗糙度。

    5. 了解矩形花键的检测方法、要求。

    6. 了解平键的检测方法。

技能目标

    1. 能进行平键连接的配合种类选择。

    2. 能根据零件的技术要求和国家标准规定，选择平键键槽的上下偏差，几何公差和表面粗糙度，并会在图样上标注。

    3. 能根据零件的技术要求和国家标准规定，选择矩形花键的几何公差和表面粗糙度，并会在图样上标注。

键连接和花键连接广泛用作轴和轴上传动件（如齿轮、皮带轮、手轮和联轴器等）之间的可拆连接，用以传递扭矩，有时也作轴向滑动的导向，特殊场合还能起到定位和过载保护的作用。

例如，图 7.1 所示的圆柱齿轮减速器的输出轴中，ϕ56k6 和 ϕ45m6 圆柱面分别用于安装齿轮和带轮，它们都是由平键连接实现的，为保证使用功能要求，必须选择合理的公差配合。

试对减速器输出轴键槽标注尺寸公差、几何公差和表面粗糙度要求。

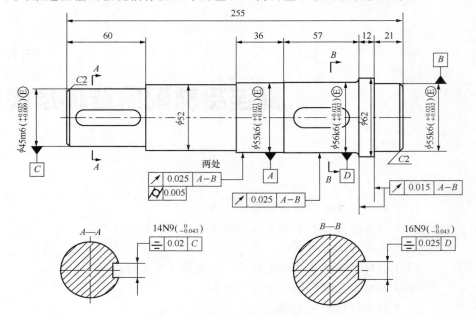

图 7.1　减速器输出轴键公差标注示例

7.1 相关知识：平键和花键连接
的配合选择及检测

7.1.1 平键连接的配合选择

平键又分为普通平键和导向型平键两种，而以普通平键应用最为广泛。下面仅讨论普通平键连接的公差配合。

1. 平键连接的特点

平键连接是通过键的侧面分别与轴槽和轮毂槽的侧面相互接触来传递扭矩的，如图 7.2 所示。因此，键宽和键槽宽 b 是决定配合性质的主要参数，即配合尺寸应规定较小的公差；而键的高度 h 和长度 L 以及轴槽深度 t_1 和轮毂槽深度 t_2 均为非配合尺寸，应给予较大的公差。

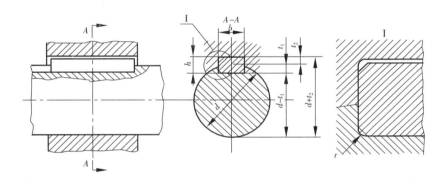

图 7.2 普通平键键槽的剖面尺寸

平键连接的剖面尺寸已标准化，见表 7.1。

表 7.1 普通平键键槽的尺寸及公差（摘自 GB/T 1095—2003）（单位：mm）

轴的公称直径 d 推荐值[①]	键尺寸 $b \times h$	键槽										
		宽度 b						深度				半径 r
		基本尺寸	极限偏差					轴 t_1		毂 t_2		
			正常连接		紧密连接	松连接						
			轴 N9	毂 JS9	轴和毂 P9	轴 H9	毂 D10	基本尺寸	极限偏差	基本尺寸	极限偏差	min	max
自 6～8	2×2	2	−0.004 −0.029	±0.0125	−0.006 −0.031	+0.025 0	+0.060 +0.020	1.2	+0.1 0	1.0	+0.1 0	0.08	0.16
>8～10	3×3	3						1.8		1.4			

轴的公称直径 d 推荐值①	键尺寸 b×h	基本尺寸	键槽										
			宽度 b					深度				半径 r	
			极限偏差					轴 t_1		毂 t_2			
			正常连接		紧密连接	松连接		基本尺寸	极限偏差	基本尺寸	极限偏差	min	max
			轴 N9	毂 JS9	轴和毂 P9	轴 H9	毂 D10						
>10~12	4×4	4	0 / −0.030	±0.015	−0.012 / −0.042	+0.030 / 0	+0.078 / +0.030	2.5	+0.10	1.8	+0.10	0.08	0.16
>12~17	5×5	5						3.0		2.3			
>17~22	6×6	6						3.5		2.8		0.16	0.25
>22~30	8×7	8	0 / −0.036	±0.018	−0.015 / −0.051	+0.036 / 0	+0.098 / +0.040	4.0		3.3			
>30~38	10×8	10						5.0		3.3			
>38~44	12×8	12	0 / −0.043	±0.0215	−0.018 / −0.061	+0.043 / 0	+0.120 / +0.050	5.0		3.3			
>44~50	14×9	14						5.5		3.8		0.25	0.40
>50~58	16×10	16						6.0		4.3			
>58~65	18×11	18						7.0	+0.20	4.4	+0.20		
>65~75	20×12	20	0 / −0.052	±0.026	−0.022 / −0.074	+0.52 / 0	+0.149 / +0.065	7.5		4.9			
>75~85	22×14	22						9.0		5.4			
>85~95	25×14	25						9.0		5.4		0.4	0.60
>95~110	28×16	28						10.0		6.4			
>110~130	32×18	32	0 / −0.062	±0.031	−0.026 / −0.088	+0.062 / 0	+0.180 / +0.080	11.0		7.4			
>130~150	36×20	36						12.0		8.4			
>150~170	40×22	40						13.0	+0.30	9.4	+0.30	0.7	1.00
>170~200	45×25	45						15.0		10.4			
>200~230	50×28	50						17.0		11.4			

① GB/T 1095—2003 没有给出相应轴颈的公称直径，此栏为根据一般受力情况推荐的轴的公称直径值。

普通平键的尺寸与公差也已标准化，见表 7.2。

表 7.2 普通平键的尺寸与公差（摘自 GB/T 1097—2003）

	公称尺寸	8	10	12	14	16	18	20	22	25	28	32	36	40	45
b	极限偏差（h8）	0 / −0.022		0 / −0.027				0 / −0.033				0 / −0.039			
	公称尺寸	7	8	8	9	10	11	12	14	14	16	18	20	22	25
h	极限偏差（h11）	0 / −0.090						0 / −0.110				0 / −0.130			

2. 平键的公差与配合

(1) 平键连接的配合种类及应用

平键由型钢制成，是标准件，所以键连接采用基轴制配合。键宽公差带为 h8，具体配合分为一般连接、较紧连接和较松连接三类。各种配合的配合性质和适用场合见表 7.3。

表 7.3 平键连接的配合种类及应用

配合种类	尺寸 b 的公差			配合性质及适用场合
	键	轴 槽	毂 槽	
较松连接	h8	H9	D10	导向平键装在轴上，借螺钉固定，轮毂可在轴上滑动，也用于薄型平键
一般连接	h8	N9	JS9	普通平键或半圆键压在轴槽中固定，轮毂顺着键侧套到轴上固定。用于传递一般载荷，也用于薄型楔键的轴槽和毂槽
较紧连接	h8	P9	P9	普通平键或半圆键压在轴槽或轮毂中，均固定。用于传递重载和冲击载荷或双向传递扭矩，也用于薄型平键

平键连接的非配合尺寸中，轴槽深 t_1 和轮毂槽深 t_2 的极限偏差由 GB/T 1095—2003 规定，见表 7.1。键高 h 的公差带为 h11，键长 L 公差带为 h14，轴槽长度的公差带为 H14。

(2) 平键连接的几何公差

为保证键与键槽的侧面具有足够的接触面积和避免装配困难，国家标准对键和键槽的几何公差作了以下规定。

1) 由于键槽的实际中心平面在径向产生偏移和轴向产生倾斜，将造成键槽的对称度误差，应分别规定轴槽对轴线和轮毂槽对孔的轴线的对称度公差。对称度公差等级按 GB/T 1184—1996 取 7～9 级，以键宽 B 为主要参数。

2) 当键长 L 与键宽 b 之比大于或等于 8 时，应对键宽 b 的两工作侧面在长度方向上规定平行度公差。当 b≤6mm 时，平行度公差选 7 级；当 6mm<b<36mm 时，平行度公差选 6 级；当 b≥37mm 时，平行度公差选 5 级。

(3) 键槽的表面粗糙度要求

键槽配合面的表面粗糙度 R_a 值一般取 1.6～3.2μm，非配合面 R_a 值取 6.3μm。

(4) 轴槽的剖面尺寸

在平键的连接工作图中，考虑到测量的方便性，轴槽深 t_1 用 $d-t_1$ 标注，其极限偏差与 t_1 相反，轮毂槽深 t_2 用 $d+t_2$ 标注，其极限偏差与 t_2 相同。

7.1.2 花键连接的配合选择

当传递较大的转矩，定心精度又要求较高时，单键结合已不能满足要求，因而从单键逐渐发展为多键。花键连接是由花键轴、花键孔两个零件的结合。花键可用作固定连接，也可用作滑动连接。下面仅讨论花键连接的配合选择。

1. 花键连接的特点

花键连接与平键连接相比具有明显的优势：孔、轴定心精度高，导向性好，轴和轮毂上承受的负荷分布比较均匀，因而可以传递较大的转矩，强度高，连接也更可靠。

花键分为矩形花键、渐开线花键和三角形花键等几种，矩形花键应用最广泛。

矩形花键的主要尺寸有小径（d）、大径（D）、和键宽（B），见图 7.3。

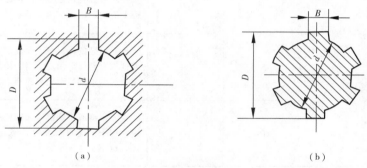

(a)   (b)

图 7.3　矩形花键的主要尺寸

为了便于加工和测量，键数规定为偶数，有 6、8、10 三种。按承载能力不同，矩形花键可分为中、轻两个系列。中系列的键高尺寸较大，承载能力强；轻系列的键高尺寸较小，承载能力较低。矩形花键的尺寸系列见表 7.4。

表 7.4　矩形花键的尺寸系列（摘自 GB/T 1144—2001）　　（单位：mm）

小径 （d）	轻系列				中系列			
	规格 （$N \times d \times D \times B$）	键数 （N）	大径 （D）	键宽 （B）	规格 （$N \times d \times D \times B$）	键数 （N）	大径 （D）	键宽 （B）
11					$6 \times 11 \times 14 \times 3$	6	14	3
13					$6 \times 13 \times 16 \times 3.5$	6	16	3.5
16					$6 \times 16 \times 20 \times 4$	6	20	4
18					$6 \times 18 \times 22 \times 5$	6	22	5
21					$6 \times 21 \times 25 \times 5$	6	25	5
23	$6 \times 23 \times 26 \times 6$	6	26	6	$6 \times 23 \times 28 \times 6$	6	28	6
26	$6 \times 26 \times 30 \times 6$	6	30	6	$6 \times 26 \times 32 \times 6$	6	32	6
28	$6 \times 28 \times 32 \times 7$	6	32	7	$6 \times 28 \times 34 \times 7$	6	34	7
32	$8 \times 32 \times 36 \times 6$	8	36	6	$8 \times 32 \times 38 \times 6$	8	38	6

小径 （d）	轻系列				中系列			
	规格 （$N \times d \times D \times B$）	键数 （N）	大径 （D）	键宽 （B）	规格 （$N \times d \times D \times B$）	键数 （N）	大径 （D）	键宽 （B）
36	$8 \times 36 \times 40 \times 7$	8	40	7	$8 \times 36 \times 42 \times 7$	8	42	7
42	$8 \times 42 \times 46 \times 8$	8	46	8	$8 \times 42 \times 48 \times 8$	8	48	8
46	$8 \times 46 \times 50 \times 9$	8	50	9	$8 \times 46 \times 54 \times 9$	8	54	9
52	$8 \times 52 \times 58 \times 10$	8	58	10	$8 \times 52 \times 60 \times 10$	8	60	10
56	$8 \times 56 \times 62 \times 10$	8	62	10	$8 \times 56 \times 65 \times 10$	8	65	10
62	$8 \times 62 \times 68 \times 12$	8	68	12	$8 \times 62 \times 72 \times 12$	8	72	12
72	$10 \times 72 \times 78 \times 12$	10	78	12	$10 \times 72 \times 82 \times 12$	10	82	12
82	$10 \times 82 \times 88 \times 12$	10	88	12	$10 \times 82 \times 92 \times 12$	10	92	12
92	$10 \times 92 \times 98 \times 14$	10	98	14	$10 \times 92 \times 102 \times 14$	10	102	14
102	$10 \times 102 \times 108 \times 16$	10	108	16	$10 \times 102 \times 112 \times 16$	10	112	16
112	$10 \times 112 \times 120 \times 18$	10	120	18	$10 \times 112 \times 125 \times 18$	10	125	18

内外花键有三个结合面，确定内、外花键配合性质的结合面称为定心表面，每一个结合面都可作为定心表面。因此，花键连接有三种定心：小径 d 定心，大径 D 定心和键侧（键槽侧）定心。

现在国家标准规定用小径 d 定心。为什么用小径 d 定心呢？因为定心表面要求有较高的硬度和尺寸精度，在加工过程中往往需要热处理，热处理后在花键孔、轴的小径表面可以用磨削方法进行精加工，而花键孔的大径和键侧表面则难以磨削加工。小径较易保证较高的加工精度和表面强度，从而提高耐磨性和花键的使用寿命。

2. 矩形花键的公差与配合

按精度矩形花键分为一般用花键和精密传动用花键两种。每种用途的连接都有三种装配形式：滑动、紧滑动和固定连接。花键连接采用基孔制配合。内、外花键的尺寸公差带见表 7.5。

表 7.5 矩形内、外花键的尺寸公差带（摘自 GB/T 1144—2001）

内花键				外花键			装配形式
d	D	B		d	D	B	
		拉削后不热处理	拉削后热处理				
一般用							
H7	H10	H9	H11	f7	d10	d10	滑动
				g7	a11	f9	紧滑动
				h7		h10	固定

173

续表

内花键				外花键			
d	D	B		d	D	B	装配形式
		拉削后不热处理	拉削后热处理				
精密传动用							
H5	H10	H7、H9		f5		d8	滑动
				g5		f7	紧滑动
				h5		h8	固定
				f6	a11	d8	滑动
H6				g6		f7	紧滑动
				h6		h8	固定

　　表中精密传动用的内花键，当需要控制键侧配合间隙时，键槽宽的公差带可选用 H7，一般情况用 H9。

　　当内花键小径 d 的公差带选用 H6 和 H7 时，允许与公差等级高一级的外花键配合。尺寸 d、D、B 的极限偏差值，是按其公称尺寸查国家标准"极限与配合"的公差表格得到的。

　　表 7.6 列出了几种配合应用情况，可供参考。

表 7.6　矩形花键配合应用

应用	固定连接		滑动连接	
	配合	特征及应用	配合	特征及应用
精密传动用	H5/h5	紧固程度较高，可传递大扭矩	H5/h5	滑动程度较低，定心精度高，传递扭矩大
	H6/h6	传递中等扭矩	H6/h6	滑动程度中等，定心精度较高，传递中等扭矩
一般用	H7/h7	紧固程度较低，传递扭矩较小，可经常拆卸	H7/h7	移动频率高，移动长度大，定心精度要求不高

　　3. 矩形花键的几何公差和表面粗糙度

　　（1）矩形花键的几何公差
　　国家标准对矩形花键的几何公差作了以下规定。
　　1）为了保证定心表面的配合性质，内、外花键的小径（定心直径）的尺寸公差和几何公差必须采用包容原则。
　　2）在大批量生产时，采用花键综合量规来检测矩形花键，因此，对键宽需要采用最大实体原则，对键和键槽只需要规定位置度公差。花键位置度的公差值见表 7.7，其在图样上的标注如图 7.9 所示。

表 7.7 矩形花键位置度公差值 t_1（摘自 GB/T 1144—2001） （单位：mm）

键槽宽或键宽 B		3	3.5～6	7～10	12～18
		t_1			
键槽宽		0.010	0.015	0.020	0.025
键宽	滑动、固定	0.010	0.015	0.020	0.025
	紧滑动	0.006	0.010	0.013	0.016

3）当单件、小批量生产时，应规定键（键槽）两侧面的中心平面对定心表面轴线的对称度和等分度。花键对称度的公差值见表 7.8，其在图样上的标注如图 7.4 所示。

表 7.8 矩形花键对称度公差值 t_2（摘自 GB/T 1144—2001） （单位：mm）

键槽宽或键宽 B	3	3.5～6	7～10	12～18
	t_2			
一般用	0.010	0.012	0.015	0.018
精密传动用	0.006	0.008	0.009	0.011

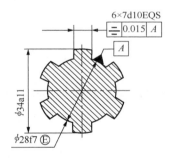
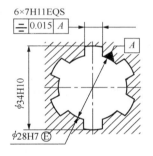

(a) 外花键　　　　　　　　　　　　　　(b) 内花键

图 7.4 矩形花键对称度公差标注示例

4）当花键较长时，还可根据产品性能要求进一步控制各个键或键槽侧面对定心表面轴线的平行度。

（2）矩形花键的表面粗糙度

以小径定心时，有关加工表面的表面粗糙度见表 7.9。

表 7.9 矩形花键表面粗糙度推荐值 （单位：μm）

加工表面	内花键	外花键
	R_a 不大于	
大径	6.3	3.2
小径	0.8	0.8
键侧	3.2	0.8

4. 矩形花键在图样上的标注

矩形花键的图样标注，按顺序包括以下项目：键数 N、小径 d、大径 D、键（键槽）宽 B，其各自的公差带代号标注于各基本尺寸之后，示例如下：

花键规格　$N\times d\times D\times B$（mm）如 $6\times23\times26\times6$

花键副

$$6\times23\frac{\text{H7}}{\text{f7}}\times26\frac{\text{H10}}{\text{a11}}\times6\frac{\text{H11}}{\text{d10}}$$

内花键

$$6\times23\text{H7}\times26\text{H10}\times6\text{H11}$$

外花键

$$6\times23\text{f7}\times26\text{a11}\times6\text{d10}$$

7.1.3 平键和矩形花键的检测

对于平键连接，需要检测的项目有：键宽，轴槽和轮毂槽的宽度、深度及槽的对称度。矩形花键的检测包括尺寸检验和几何误差检验。

1. 平键的检测

（1）键和槽宽

在单件小批量生产时，一般采用通用计量器具（如千分尺，游标卡尺等）测量；在大批量生产时，用极限量规控制，如图 7.5（a）所示。

（2）轴槽和轮毂槽深

在单件小批量生产时，一般用游标卡尺或外径千分尺测量轴尺寸（$d-t_1$），用游标卡尺或内径千分尺测量轮毂尺寸（$d+t_2$）。在大批量生产时，用专用量规，如轮毂槽深极限量规和轴槽深极限量规检验，如图 7.5（b）、（c）所示。

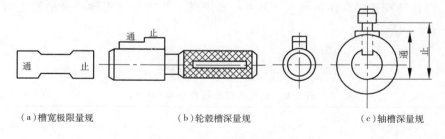

（a）槽宽极限量规　　　　（b）轮毂槽深量规　　　　（c）轴槽深量规

图 7.5　键槽尺寸量规

（3）键槽对称度

在单件小批量生产时，可用分度头、V 形块和百分表测量，在大批量生产时一般用综合量规检验，如对称度极限量规，只要量规通过即为合格，如图 7.6 所示，图 7.6（a）为轮毂槽对称度量规，图 7.6（b）为轴槽对称度量规。

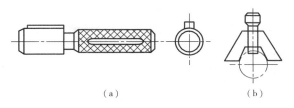

（a）　　　　　　　　　　（b）

图 7.6　键槽对称度量规

2. 矩形花键的检测

在单件小批量生产中，花键的尺寸和位置误差用千分尺、游标卡尺、指示表等通用计量器具分别测量。

内（外）花键用花键综合塞（环）规，同时检验内（外）花键的小径、大径、各键槽宽（键宽）、大径对小径的同轴度和键（键槽）的位置度等项目。此外，还要用单项止端塞（卡）规或普通计量器具检测其小径、大径、各键槽宽（键宽）的实际尺寸是否超越其最小实体尺寸。

检测内、外花键时，如果花键综合量规能通过，而单项止端量规不能通过，则表示被测内、外花键合格。反之，即为不合格。

内外花键综合量规的形状如图 7.7 所示，图 7.7（a）、（b）所示为花键塞规，图 7.7（c）为花键环规。

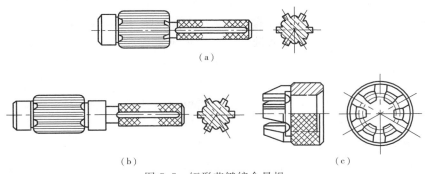

（a）

（b）　　　　　　　　　　（c）

图 7.7　矩形花键综合量规

7.2　项目实施：平键和花键连接的配合选择及标注

7.2.1　平键连接的配合选择及标注

图 7.1 所示减速器输出轴与齿轮用平键连接，已知轴和齿轮孔的配合为 $\phi56\text{H}7/\text{n}6$，要求确定轴槽和轮毂轴的剖面尺寸及其公差带，相应的几何公差和各个表面的粗糙度值，并把它们标注在断面图中。

1）查表 7.1，直径为 $\phi56\text{mm}$ 的轴孔用平键尺寸为 $b×h＝16\text{mm}×10\text{mm}$。

2）确定键连接。减速器轴和齿轮承受一般载荷，故采用一般连接。查表 7.1 知，

轴槽公差带为 $16N9(_{-0.043}^{0})$，轮毂槽公差带为 $16JS9(\pm0.0215)$。

3）确定键连接的几何公差和表面粗糙度。轴槽对轴线及轮毂槽对轴线的对称度公差查表按 8 级选取，公差值为 0.02mm。考虑一般情况，轴槽及轮毂槽侧面粗糙度值 R_a 取 $3.2\mu m$，底面取 $6.3\mu m$，轴及轮毂槽圆周表面取 $1.6\mu m$。标注如图 7.8 所示。

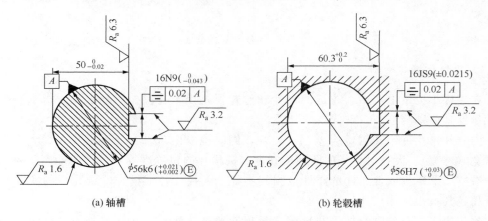

| (a) 轴槽 | (b) 轮毂槽 |

图 7.8　键槽尺寸和几何公差的标注

7.2.2　矩形花键连接的配合选择及标注

某机床变速箱中有一个 6 级精度的滑移齿轮，其内孔与轴采用花键连接。已知花键的规格为 $6\times26\times30\times6$，花键孔长 30mm，花键轴长 75mm，花键孔相对于花键轴需要移动，且定心精度要求高，大批量生产。要求确定齿轮花键孔和花键轴的各主要尺寸公差代号、相应的位置度公差和各主要表面的粗糙度参数值，并把它们标注在断面图中。

1）已知矩形花键的键数为 6，小径为 26mm，大径为 30mm，键宽（键槽宽）为 6mm。

2）确定矩形花键连接。花键孔相对于花键轴需要移动，且定心精度要求高，故采用精密传动、滑动连接。查表 7.5，取小径的配合公差带为 H6/f6。大径的配合公差带为 H10/a11，键宽的配合公差带为 H9/d8。

3）确定矩形花键连接的位置度公差和表面粗糙度，已知矩形花键的等级为 6 级，大批量生产，查表 7.7 得键和键槽的位置度公差值为 0.015mm。查表 7.9 得内花键表面粗糙度值 R_a，小径表面不大于 $1.6\mu m$，键槽侧面不大于 $3.2\mu m$，大径表面不大于 $6.3\mu m$。外花键表面粗糙度值 R_a，小径表面不大于 $0.8\mu m$，键槽侧面不大于 $0.8\mu m$，大径表面不大于 $3.2\mu m$。标注如图 7.9 所示。

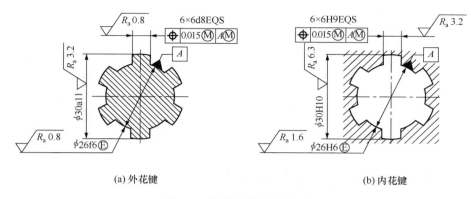

(a) 外花键　　　　　　　　　　　　(b) 内花键

图 7.9　矩形花键连接的标注

思考与练习

7.1　平键连接为什么只对键（键槽）宽规定较严的公差？

7.2　平键连接的配合采用何种基准制？花键连接采用何种基准制？

7.3　有一齿轮与轴的连接用平键传递扭矩。平键尺寸 $b=10$mm，$L=28$mm。齿轮与轴的配合为 $\phi 35\text{H7}/\text{m6}$，平键采用一般连接。试查出键槽尺寸偏差，几何公差和表面粗糙度，分别标注在轴和齿轮的横剖面上。

7.4　某机床变速箱中有一个 6 级精度齿轮的花键孔与花键轴连接，花键规格为 $6\times 26\times 30\times 6$，花键孔长 30mm，花键轴长 75mm，齿轮花键孔经常需要相对花键轴作轴向移动，要求定心精度较高。试确定：

1）齿轮花键孔和花键轴的公差带代号，计算小径、大径、键（键槽）宽的极限尺寸。

2）分别写出在装配图上和零件图上的标记。

3）绘制公差带图，并将各参数的基本尺寸和极限偏差标注在图上。

项目 8

螺纹结合互换性及检测

知识目标

1. 掌握螺纹的主要几何参数及其对互换性的影响。

2. 理解作用中径的概念及其合格条件。

3. 了解国家标准《普通螺纹公差》（GB/197—2003）。

4. 了解螺纹的测量方法。

技能目标

1. 能根据作用中径的定义计算作用中径，并判断其合格性。

2. 能选择普通螺纹公差等级和配合精度，会在技术图样上正确标注。

螺纹结合是利用螺纹零件构成的可拆连接，是机械制造业中广泛采用的一种结合形式。螺纹的互换程度很高，几何参数较多，国家标准对螺纹牙型、参数、公差与配合等都作了规定，以保证其几何精度。

在零件图和装配图上，各种螺纹有不同的标注形式，如图 8.1 所示。

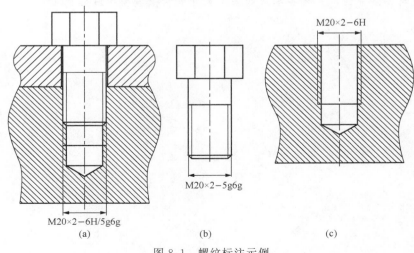

图 8.1　螺纹标注示例

8.1　相关知识：螺纹结合互换性及检测

螺纹几何参数误差对互换性的影响及泰勒原则

识读图样中的螺纹标注，应了解以下信息：螺纹的种类，螺纹大径、中径、小径的基本尺寸，以及极限偏差和极限尺寸。

1. 螺纹的种类

按不同的用途可分为普通螺纹、传动螺纹和紧密螺纹；按牙型可分为三角形螺纹、梯形螺纹和矩形螺纹等。

（1）普通螺纹

普通螺纹又称紧固螺纹，其代号为 M。其作用是使零件相互连接或紧固成一体并可拆卸，普通螺纹牙型是将原始三角形的顶部和底部按一定的比例截取而得到的，有粗牙和细牙螺纹之分。对普通螺纹连接，如用螺栓连接减速器的箱座和箱盖、用螺钉连接零件与机体等，对普通螺纹的使用要求是可旋入性和连接的可靠性。可旋合性是指相同规格的螺纹应易于旋入或拧出，以便于装配或拆卸。连接的可靠性是指有足够的连接强度，接触均匀，螺纹不易松脱。

（2）传动螺纹

传动螺纹的牙型常用梯形（代号为 Tr）和锯齿形（代号为 B）等。传动螺纹用于传递动力、运动或位移，如千斤顶的起重螺杆和摩擦压力机的传动螺杆，主要用来传递动力，同时可以使物体产生位移，但对位移精度没有严格要求，这类螺纹连接需有足够的强度。而机床进给机构中的微调丝杠、计量器具中的测微丝杠，主要用来传递精确位移，故要求传动准确。

（3）紧密螺纹

紧密螺纹又称密封螺纹，主要用于水、油、气的密封，如管道连接螺纹。这类螺纹连接应有一定的过盈，以保证具有足够的连接强度和密封性。

本项目主要介绍普通螺纹及其公差标准。

2. 普通螺纹的基本牙型和几何参数

国标 GB/T 192—2003 规定了与螺纹有关的统一名称、定义与图例。公制普通螺纹的基本牙型如图 8.2 中粗实线所示，该牙型具有螺纹的基本尺寸。

1）大径（D 或 d）。大径是与外螺纹牙顶或内螺纹牙底相切的假想圆柱的直径。对外螺纹而言，大径为顶径；对内螺纹而言，大径为底径。普通螺纹大径为螺纹的公称直径。

2）小径（D_1 或 d_1）。小径是与外螺纹的牙底或内螺纹的牙顶相切的假想圆柱的直径。对外螺纹而言，小径为底径；对内螺纹而言，小径为顶径。

3）中径（D_2 或 d_2）。中径是一个假想圆柱的直径，该圆柱的母线通过螺纹牙型上沟槽和凸起宽度相等的地方，此假想圆柱称为中径圆柱，如图 8.2 所示。

上述三种直径的符号中，大写英文字母表示内螺纹，小写英文字母表示外螺纹。在同一结合中，内、外螺纹的大径、小径、中径的基本尺寸对应相同。

4）单一中径（D_{2s} 或 d_{2s}）。单一中径是一个假想圆柱直径，该圆柱的母线通过牙型上沟槽宽度等于二分之一基本螺距的地方。

当螺距无误差时，单一中径和中径相等。当螺距有误差时，则两者不相等，如图 8.3 所示。

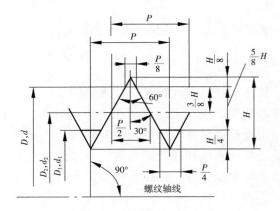
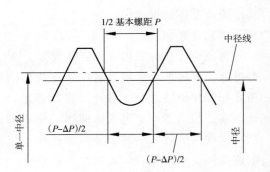

图 8.2　普通螺纹基本牙型　　　　　图 8.3　螺纹单一中径

5）螺距（P）。螺距是相邻两牙在中径线上对应两点间的轴向距离。

6）导程（L）。导程是指同一螺旋线上的相邻两牙在中径线上对应两点间的轴向距离。对单线螺纹，导程与螺距同值；对多线螺纹，导程等于螺距 P 与螺纹线数 n 的乘积，即导程 $L = nP$。

7）原始三角形高度（H）和牙型高度（$5H/8$）。原始三角形高度 H 是由原始三角形顶点沿垂直于螺纹轴线方向到其底边的距离（$H = \sqrt{3}P/2$）；牙型高度指在螺纹牙型上牙顶和牙底之间在垂直于螺纹轴线方向上的距离，如图 8.2 中的 $5H/8$。

8）牙型角（α）和牙型半角 $\left(\dfrac{\alpha}{2}\right)$。牙型角 α 是在螺纹牙型上，两相邻牙侧间的夹角，牙型半角 $\dfrac{\alpha}{2}$ 是牙型角的一半。

米制普通螺纹的牙型角 $\alpha = 60°$，牙型半角 $\dfrac{\alpha}{2} = 30°$。

9）螺纹升角（ψ）。螺纹升角 ψ 是在中径圆柱上螺旋线的切线与垂直于螺纹轴线的平面的夹角。它与螺距 P 和中径 d_2 之间的关系为

$$\tan\psi = nP/(\pi d_2)$$

式中，n——螺纹线数。

10）螺纹旋合长度。螺纹的旋合长度指两个相互配合的螺纹，沿螺纹轴线方向相

互旋合部分的长度。

实际工作中，如需要求某螺纹（已知公称直径和螺距）中径、小径尺寸时，查表 8.1。

表 8.1　普通螺纹公称尺寸（摘自 GB/T 196—2003）

公称直径 D、d			螺距 P	中径 D_2 或 d_2	小径 D_1 或 d_1	公称直径 D、d			螺距 P	中径 D_2 或 d_2	小径 D_1 或 d_1
第一系列	第二系列	第三系列				第一系列	第二系列	第三系列			
10			**1.5**	9.026	8.376		18		**2.5**	16.376	15.294
			1.25	9.188	8.647				2	16.701	15.835
			1	9.350	8.917				1.5	17.026	16.375
			0.75	9.513	9.188				1	17.035	16.917
		11	**1.5**	10.026	9.376	20			**2.5**	18.376	17.294
			1	10.350	9.917				2	18.701	17.835
			0.75	10.513	10.188				1.5	19.026	18.376
12			**1.75**	10.863	10.106				1	19.350	18.917
			1.5	11.026	10.376		22		**2.5**	20.376	19.294
			1.25	11.188	10.647				2	20.701	19.835
			1	11.350	10.917				1.5	21.026	20.376
	14		**2**	12.701	11.835				1	21.350	20.917
			1.5	13.026	12.376	24			**3**	22.051	20.752
			1.25	13.188	12.647				2	22.701	21.835
			1	13.350	12.917				1.5	23.026	22.376
		15	1.5	14.026	13.376				1	23.350	22.917
			1	14.350	13.917						
16			**2**	14.701	13.835						
			1.5	15.026	14.376						
			1	15.350	14.917						
		17	1.5	16.026	15.375						
			1	16.350	15.917						

注：1. 直径应优先选用第一系列，其次为第二系列，第三系列应尽可能不用；

　　2. 黑体数字为粗牙螺距。

3. 螺纹几何参数误差对互换性的影响

普通螺纹结合，要保证它具有互换性，即具有可旋合性和连接的可靠性。而影响螺纹互换性的几何参数有五个：大径、小径、中径、螺距和牙型半角，下面逐一分析讨论。

（1）螺纹大径、小径误差对互换性的影响

实际制造出的内螺纹大径和外螺纹小径的牙底形状呈圆弧形，为了避免旋合时产生障碍，理应使内螺纹大、小径的实际尺寸略大于外螺纹大、小径的实际尺寸。如果内螺纹小径过大，外螺纹大径过小，虽不影响螺纹的配合性质，但会减小螺纹的接触面积，因而影响它们连接的可靠性，所以要规定其公差。

（2）螺距误差对互换性的影响

螺距误差包括局部误差和累积误差。前者与旋入长度无关，后者与旋入长度有关。假设内、外螺纹的中径及牙型半角均无误差，但螺距有误差，并假设外螺纹的螺距比内螺纹的大。在 n 个螺牙长度上，螺距累积误差为 ΔP_Σ，显然在这种情况下是无法旋合的，如图 8.4 所示。在实际生产中，为了使有螺距误差的外螺纹可旋入标准的内螺纹，可将外螺纹的中径减小一个数值 f_P。同理，当内螺纹螺距有误差，也可将内螺纹的中径加大一个数值 f_P。

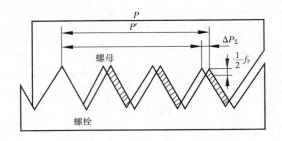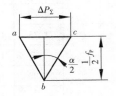

图 8.4　螺距累积误差

f_P 值称为螺距误差的中径当量。从 $\triangle abc$ 中可得出：$f_P = \Delta P_\Sigma \cot\ (\alpha/2)$。

对于牙型角 $\alpha = 60°$ 的米制螺纹：$f_P = 1.732\ |\ \Delta P_\Sigma\ |$。式中，$f_P$ 和 ΔP_Σ 的单位是 μm。

（3）牙型半角误差对互换性的影响

牙型半角误差是牙型半角的实际值对公称值的代数差。它包括牙型角度误差和位置误差。牙型半角误差对螺纹可旋入性和连接强度均有影响，因此必须限制牙型半角误差。

外螺纹：外螺纹存在牙型半角偏差时，必须将外螺纹牙型沿垂直螺纹轴线的方向下移，从而使外螺纹的中径减小一个数值 $f_{\alpha/2}$。

内螺纹：内螺纹存在牙型半角偏差时，必须将内螺纹中径增大一个数值 $f_{\alpha/2}$。

$f_{\alpha/2}$ 称为牙型半角偏差的中径当量。计算公式为

$$f_{\alpha/2} = 0.073P\left[K_1 \left|\Delta\frac{\alpha}{2}_{左}\right| + K_2 \left|\Delta\frac{\alpha}{2}_{右}\right|\right]\mu m \tag{8-1}$$

式中，P 为螺距（mm），$\Delta\frac{\alpha}{2}_{左}$ 为左牙型半角误差，$\Delta\frac{\alpha}{2}_{右}$ 为右牙型半角误差（'），K_1、K_2 为牙型半角系数。对外螺纹，当牙型半角误差为正值时，K_1（或 K_2）取 2，当牙型半角误差为负值时，K_1（或 K_2）取 3；对内螺纹，当牙型半角误差为正值时，K_1（或

K_2）取 3，当牙型半角误差为负值时，K_1（或 K_2）取 2。

但在生产时，难以对牙型半角逐个检测，所以国标对普通螺纹牙型半角误差不做具体规定，而采用外螺纹中径的减小或内螺纹中径的加大来达到螺纹的配合要求。

（4）中径误差对互换性的影响

螺纹中径在制造过程中不可避免会出现一定的误差，即单一中径对其公称中径之差。如仅考虑中径的影响，那么只要外螺纹中径小于内螺纹中径就能保证内、外螺纹的旋合性，反之就不能旋合。但如果外螺纹中径过小，内螺纹中径又过大，则会降低连接强度。所以，为了确保螺纹的旋合性，中径误差必须加以控制。

4. 螺纹作用中径和中径合格性判断原则

（1）作用中径（D_{2m}、d_{2m}）

螺纹的作用中径是指在规定的旋合长度内，恰好包容实际螺纹的一个假想螺纹的中径。此假想螺纹具有基本牙型的螺距、半角以及牙型高度，并在牙顶和牙底处留有间隙，以保证不与实际螺纹的大、小径发生干涉，故作用中径是螺纹旋合时实际起作用的中径。

当外螺纹存在螺距误差和牙型半角误差时，只能与一个中径较大的内螺纹旋合，其效果相当于外螺纹的中径增大。这个增大了的假想中径叫做外螺纹的作用中径 d_{2m}。它等于外螺纹的实际中径与螺距误差及牙型半角误差的中径补偿值之和。即

$$d_{2m} = d_{2a} + \left(f_P + f_{\frac{a}{2}}\right) \tag{8-2}$$

同理，当内螺纹存在螺距误差及牙型半角误差时，只能与一个中径较小的外螺纹旋合，其效果相当于内螺纹的中径减小了。这个减小了的假想中径叫做内螺纹的作用中径 D_{2m}。它等于内螺纹的实际中径与螺距误差及牙型半角误差的中径补偿值之差。即

$$D_{2m} = D_{2a} - \left(f_P + f_{\frac{a}{2}}\right) \tag{8-3}$$

显然，为了使相互结合的内、外螺纹能自由旋合，应保证：$D_{2m} \geqslant d_{2m}$。

（2）螺纹中径合格性的判断原则

国标没有单独规定螺距和牙型半角公差，只规定了内、外螺纹的中径公差（T_{D2}、T_{d2}），通过中径公差同时限制实际中径、螺距及牙型半角三个参数的误差，如图 8.5 所示。

由于螺距和牙型半角误差的影响均可折算为中径补偿值，因此只要规定中径公差就可控制中径本身的尺寸偏差、螺距误差和牙型半角误差的共同影响。可见中径公差是一项综合公差。

判断螺纹中径合格性的准则应遵循泰勒原则，即螺纹的作用中径不能超越最大实体牙型的中径；任意位置的实际中径（单一中径）不能超越最小实体牙型的中径。所谓最大与最小实体牙型是指在螺纹中径公差范围内，分别具有材料量最多和最少且与基本牙型形状一致的螺纹牙型。

对外螺纹：作用中径不大于中径最大极限尺寸；任意位置的实际中径不小于中径最小极限尺寸，即

$$d_{2m} \leqslant d_{2max} \qquad d_{2a} \geqslant d_{2min} \tag{8-4}$$

对内螺纹：作用中径不小于中径最小极限尺寸；任意位置的实际中径不大于中径最大极限尺寸，即

$$D_{2m} \geqslant D_{2min} \qquad D_{2a} \leqslant D_{2max} \tag{8-5}$$

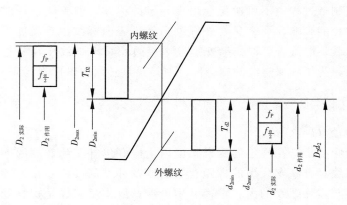

图 8.5　d_2（D_2）、d_{2m}（D_{2m}）与 T_{d2}（T_{D2}）的关系

8.1.2　螺纹结合的互换性及其选用

螺纹公差带与尺寸公差带一样，也是由其大小（公差等级）和相对于基本牙型的位置（基本偏差）所组成。国家标准 GB/T 197—2003 规定了螺纹的公差带。

1. 普通螺纹的公差带

（1）公差等级

螺纹公差带的大小由公差值确定，并按公差值大小分为若干等级，见表 8.2。

表 8.2　螺纹公差等级

螺纹直径			公差等级
内螺纹	中径	D_2	4，5，6，7，8
	小径	D_1	
外螺纹	中径	d_2	3，4，5，6，7，8，9
	大径	d	4，6，8

其中 6 级是基本级，3 级公差值最小，精度最高；9 级精度最低。各级公差值见表 8.3 和表 8.4。因为内螺纹加工较困难，所以在同一公差等级中，内螺纹中径公差比外螺纹中径公差大 32% 左右。

国标对内螺纹的大径和外螺纹的小径均不规定具体公差值，而只规定内、外螺纹牙底实际轮廓的任何点，均不能超越按基本偏差所确定的最大实体牙型。

表 8.3　内螺纹小径公差（T_{D1}）和外螺纹大径公差（T_d）（摘自 GB/T 197—2003）

公差项目 公差等级 螺距 P/mm	内螺纹小径公差 T_{D1}/μm					外螺纹大径公差 T_d/μm		
	4	5	6	7	8	4	6	8
0.75	118	150	190	236	—	90	140	—
0.8	125	160	200	250	315	95	150	236
1	150	190	236	300	375	112	180	280
1.25	170	212	265	335	425	132	212	335
1.5	190	236	300	375	475	150	236	375
1.75	212	265	335	425	530	170	265	425
2	236	300	375	475	600	180	280	450
2.5	280	355	450	560	710	212	335	530
3	315	400	500	630	800	236	375	600

表 8.4　内、外螺纹中径公差（摘自 GB/T 197—2003）

公称直径 D/mm >	≤	螺距 P/mm	内螺纹中径公差 T_{D2}/μm 公差等级					外螺纹中径公差 T_{d2}/μm 公差等级						
			4	5	6	7	8	3	4	5	6	7	8	9
5.6	11.2	0.75	85	106	132	170	—	50	63	80	100	125	—	—
		1	95	118	150	190	236	56	71	92	112	140	180	224
		1.25	100	125	160	200	250	60	75	95	118	150	190	236
		1.5	112	140	180	224	280	67	85	106	132	170	212	295
11.2	22.4	1	100	125	160	200	250	60	75	95	118	150	190	236
		1.25	112	140	180	224	280	67	85	106	132	170	212	265
		1.5	118	150	190	236	300	71	90	112	140	180	224	280
		1.75	125	160	200	250	315	75	95	118	150	190	236	300
		2	132	170	212	265	335	80	100	125	160	200	250	315
		2.5	140	180	224	280	335	85	106	132	170	212	265	335
22.4	45	1	106	132	170	212	—	63	80	100	125	160	200	250
		1.5	125	160	200	250	315	75	95	118	150	190	236	300
		2	140	180	224	280	355	85	106	132	170	212	265	335
		3	170	212	265	335	425	100	125	160	200	250	315	400
		3.5	180	224	280	355	450	106	132	170	212	265	335	425
		4	190	236	300	375	415	112	140	180	224	280	355	450
		4.5	200	250	315	400	500	118	150	190	236	300	375	475

（2）基本偏差

基本偏差是指公差带两极限偏差中靠近零线的那个偏差。它确定了公差带相对于基本牙型的位置。内螺纹的基本偏差是下偏差（EI），外螺纹的基本偏差是上偏差（es）。

国标对内螺纹规定了两种基本偏差，其代号为 G、H，如图 8.6（a）、（b）所示。国标对外螺纹规定了四种基本偏差，其代号为 e、f、g、h，如图 8.6（c）、（d）所示。内、外螺纹的基本偏差值见表 8.5。

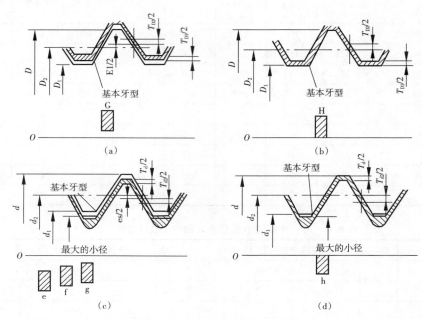

图 8.6　内、外螺纹的基本偏差

表 8.5　内、外螺纹基本偏差（摘自 GB/T 197—2003）

螺距 P/mm	内螺纹基本偏差 EI/μm		外螺纹基本偏差 ES/μm			
	G	H	e	f	g	h
0.75	+22	0	−56	−38	−22	0
0.8	+24	0	−60	−38	−24	0
1	+26	0	−60	−40	−26	0
1.25	+28	0	−63	−42	−28	0
1.5	+32	0	−67	−45	−32	0
1.75	+34	0	−71	−48	−34	0
2	+38	0	−71	−52	−38	0
2.5	+42	0	−80	−58	−42	0
3	+48	0	−85	−63	−48	0

（3）极限偏差

螺纹中径和顶径的极限偏差参见 GB/T 2516—2003。表中新增了外螺纹小径的偏差值，偏差值是依据 $H/6$ 削平高度所给出，计算公式为 $-\left(|es|+\dfrac{H}{6}\right)$。外螺纹小径的偏差可用于计算外螺纹的应力。

2. 旋合长度

标准中将螺纹的旋合长度分为三组，分别为短旋合长度（S）、中等旋合长度（N）和长旋合长度（L）。一般采用中等旋合长度。螺纹旋合长度见表 8.6。

表 8.6 普通螺纹旋合长度（摘自 GB/T 197—2003）

基本大径 D、d		螺距 P	旋合长度				基本大径 D、d		螺距 P	旋合长度			
			S		N					S		N	
$>$	$\leqslant$		$\leqslant$	$>$	$\leqslant$	$>$	$>$	$\leqslant$		$\leqslant$	$>$	$\leqslant$	$>$
5.6	11.2	0.75	2.4	2.4	7.1	7.1	22.4	45	1	4	4	12	12
		1	3	3	9	9			1.5	6.3	6.3	19	19
		1.25	4	4	12	12			2	8.5	8.5	25	25
		1.5	5	5	15	15			3	12	12	36	36
11.2	2.4	1	3.8	3.8	11	11			3.5	15	15	45	45
		1.25	4.5	4.5	13	13			4	18	18	53	53
		1.5	5.6	5.6	16	16			4.5	21	21	63	63
		1.75	6	6	18	18	⋯	⋯					
		2	8	8	24	24							
		2.5	10	10	30	30							

注：表中 L 列表示长旋合长度。

螺纹的旋合长度与螺纹的精度密切相关。旋合长度增加，螺纹长度增加，螺纹半角误差和螺距误差可能增加，以同样的中径公差值加工就会更困难，显然，衡量螺纹的精度应包括旋合长度。表 8.7 和表 8.8 反映了内、外螺纹精度与旋合长度的关系。设计时一般选用中等长度 N，只有当结构或强度上需要时，才选用短旋合长度 S 或长旋合长度 L。

表 8.7 内螺纹的推荐公差带（摘自 GB/T 197—2003）

公差精度	公差带位置 G			公差带位置 H		
	S	N	L	S	N	L
精密	—	—	—	4H	5H	6H
中等	(5G)	6G	(7G)	5H	**6H**	**7H**
粗糙	—	(7G)	(8G)	—	7H	8H

表 8.8 外螺纹的推荐公差带（摘自 GB/T 197—2003）

公差精度	公差带位置 e			公差带位置 f			公差带位置 g			公差带位置 h		
	S	N	L	S	N	L	S	N	L	S	N	L
精密	—	—	—	—	—	—	—	(4g)	(5g4g)	(3h4h)	**4h**	(5h4h)
中等	—	**6e**	(7e6e)	—	**6f**	—	(5g6g)	**6g**	(7g6g)	(5h6h)	**6h**	(7h6h)
粗糙	—	(8e)	(9e8e)	—	—	—	—	8g	9g8g	—	—	—

注：公差优先选用顺序为粗字体公差带，一般字体公差带，括号内公差带。带方框的粗字体公差带用于大量生产的紧固件螺纹。

3. 螺纹的公差等级及其选用

根据使用场合，螺纹的公差等级分为精密、中等、粗糙三种精度。一般机械、仪器和构件选中等精度；要求配合性质变动较小的选精密级精度；要求不高或制造困难的选粗糙级精度。通常使用的螺纹是中等旋合长度的 6 级公差的螺纹。

在生产中，为了减少刀具、量具的规格和数量，对公差带的种类应加限制。标准规定了供选择常用的公差带，如表 8.7 和表 8.8 所示。除有特殊要求，不应选择标准规定以外的公差带。如果不知道螺纹旋合长度的实际值时，推荐按中等旋合长度（N）选取螺纹公差带。

内、外螺纹选用的公差带可以任意组合。但是为了保证足够的接触高度，加工好的内、外螺纹最好组成 H/g、H/h、G/h 的配合。选择时主要考虑以下几种情况：

1）为了保证旋合性，内、外螺纹应具有较高的同轴度，并有足够的接触高度和结合强度，通常采用最小间隙为零的配合（H/h）。

2）需要拆卸容易的螺纹，可选用较小间隙的配合（H/g 或 G/h）。

3）需要镀层的螺纹，其基本偏差按所需镀层厚度确定。需要涂镀的外螺纹，当镀层厚度为 $10\mu m$ 时可采用 g，当镀层厚度为 $20\mu m$ 时可采用 f，当镀层厚度为 $30\mu m$ 时可采用 e。当内、外螺纹均需要涂镀时，则采用 G/e 或 G/f 的配合。

4）在高温条件下工作的螺纹，可根据装配时和工作时的温度来确定适当的间隙和相应的基本偏差，留有间隙以防螺纹卡死。一般常用基本偏差 e。如汽车上用的 M14×1.25 规格的火花塞。温度相对较低时，可用基本偏差 g。

4. 螺纹的表面粗糙度要求

螺纹牙型表面粗糙度主要根据中径公差等级来确定。表 8.9 列出了螺纹牙侧表面粗糙度参数 R_a 的推荐值。

表 8.9　螺纹牙侧表面粗糙度参数 R_a 值

工　件	螺纹中径公差等级		
	4～5	6～7	7～9
	R_a 不大于/μm		
螺栓、螺钉、螺母	1.6	3.2	3.2～6.3
轴及套上的螺纹	0.8～1.6	1.6	3.2

8.1.3　螺纹公差在图样上的标注

在零件图和装配图上，要用国家标准规定的螺纹标记来正确标注。下面介绍螺纹标记和螺纹的标注。

完整的螺纹标记由螺纹代号、公称直径、螺距、螺纹公差带代号和螺纹旋合代号（或数值）组成，各代号间用"—"隔开。螺纹公差带代号包括中径公差带代号和顶径公差带代号。若中径公差带代号和顶径公差带代号不同，则应分别注出，前者为中径，后者为顶径。若中径和顶径公差带代号相同，则合并标注一个即可。旋合长度代号除"N"不注出外，对于短或长旋合长度，应注出代号"S"或"L"，也可直接用数值注出旋合长度值。基本偏差代号小写为外螺纹，大写为内螺纹。

1. 在零件图上

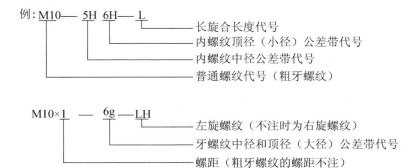

2. 在装配图上

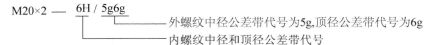

螺纹标记在图样上标注时，应标注在螺纹的公称直径的尺寸线上。外螺纹和内螺纹在图样上的标注分别如图 8.1 所示。

8.1.4 螺纹误差的检测

螺纹的检测方法可分为综合检验和单项测量两类。

1. 综合检验

综合检验主要用于检验只要求保证可旋合性的螺纹，用按泰勒原则设计的螺纹量规对螺纹进行检验，适用于成批生产。

螺纹量规有塞规和环规（或卡规）之分，塞规用于检验内螺纹，环规（或卡规）用于检验外螺纹。螺纹量规的通端用来检验被测螺纹的作用中径，控制其不得超出最大实体牙型中径，因此它应模拟被测螺纹的最大实体牙型，并具有完整的牙型，其螺纹长度等于被测螺纹的旋合长度。螺纹量规的通端还用来检验被测螺纹的底径。螺纹量规的止端用来检验被测螺纹的实际中径，控制其不得超出最小实体牙型中径。为了消除螺距误差和牙型半角误差的影响，其牙型应做成截短牙型，而且螺纹长度只有 2～3.5 牙。

内螺纹的小径和外螺纹的大径分别用光滑极限量规检验。

图 8.7 和图 8.8 分别表示螺纹量规检验外螺纹和内螺纹的情况。

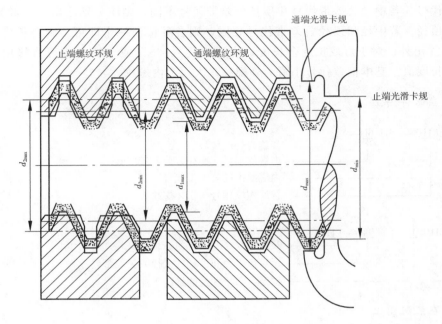

图 8.7　用螺纹量规检验外螺纹

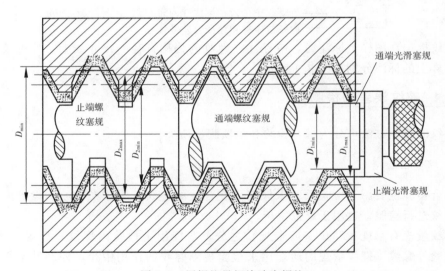

图 8.8　用螺纹量规检验内螺纹

2. 单项测量

　　螺纹的单项测量是指分别测量螺纹的各项几何参数，主要是中径、螺距和牙型半角。螺纹量规、螺纹刀具等高精度螺纹和丝杠螺纹均采用单项测量方法，对普通螺纹作工艺分析时也常进行单项测量。

　　单项测量螺纹参数的方法很多，应用最广泛的是三针法和影像法。

（1）三针法

三针法主要用于测量精密外螺纹的单一中径（如螺纹塞规、丝杠螺纹等）。测量时，将三根直径相同的精密量针分别放在被测螺纹的沟槽中，然后用光学或机械量仪测出针距 M，如图 8.7 所示。根据被测螺纹已知的螺距 P、牙型半角 $\alpha/2$ 和量针直径 d_0，按下式算出被测螺纹的单一中径 d_{2a}。

$$d_{2a} = M - d_0 \left[1 + \frac{1}{\sin\frac{\alpha}{2}} \right] + \frac{P}{2} \cot\frac{\alpha}{2} \tag{8-6}$$

式中，螺距 P、牙型半角 $\alpha/2$ 和量针 d_0 均按理论值代入。

对普通螺纹 $\alpha/2 = 30°$，则

$$d_{2a} = M - 3d_0 + 0.866P \tag{8-7}$$

对梯形螺纹 $\alpha/2 = 15°$，则

$$d_{2S} = M - 4.8637d_0 + 1.866P \tag{8-8}$$

为了消除牙型半角误差对测量结果的影响，应使量针在中径线上与牙侧接触，必须选择量针的最佳直径，使量针与被测螺纹沟槽接触的两个切点间的轴向距离等于 $P/2$，如图 8.9 所示。

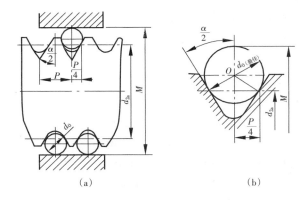

（a）　　　　　　　　　　　　（b）

图 8.9　用三针法测量外螺纹的单一中径

量针的最佳直径

$$d_{0(最佳)} = \frac{P}{2\cos\frac{\alpha}{2}} \tag{8-9}$$

（2）影像法

影像法测量螺纹是用工具显微镜将被测螺纹的牙型轮廓放大成像，按被测螺纹的影像测量其螺距、牙型半角和中径。各种精密螺纹，如螺纹量规、丝杠等，均可在工具显微镜上测量。

8.2 项目实施：普通螺纹公差计算

8.2.1 普通螺纹极限尺寸计算

根据图 8.1，查出 M20×2—6H/5g6g 细牙普通螺纹的内、外螺纹的中径，内螺纹小径和外螺纹大径的极限偏差，并计算其极限尺寸。

1）确定内、外螺纹的大径、小径和中径的公称尺寸。

由标记可知

$$D = d = 20\text{mm}$$

查表 8.1 得：

$$D_1 = D - 1.0825P = 20 - 1.0825 \times 2 = 17.835\text{mm}$$
$$d_1 = d - 1.0825P = 20 - 1.0825 \times 2 = 17.835\text{mm}$$
$$D_2 = D - 0.6495P = 20 - 0.6495 \times 2 = 18.701\text{mm}$$
$$d_2 = d - 0.6495P = 20 - 0.6495 \times 2 = 18.701\text{mm}$$

2）查出极限偏差。

根据公称直径、螺距和公差代号，由表 8.4、8.5 查得以下结果。

内螺纹中径 $D_2(6H)$：$ES = +212\mu m = +0.212\text{mm}$
$$EI = 0$$
内螺纹小径 $D_1(6H)$：$ES = +375\mu m = +0.375\text{mm}$
$$EI = 0$$
外螺纹中径 $d_2(5g)$：$es = -38\mu m = -0.038\text{mm}$
$$ei = -163\mu m = -0.163\text{mm}$$
外螺纹大径 $d(6g)$：$es = -38\mu m = -0.038\text{mm}$
$$ei = -318\mu m = -0.318\text{mm}$$

3）计算内、外螺纹的极限尺寸。

内螺纹：$D_{2\max} = D_2 + ES = 18.701 + 0.212 = 18.913\text{mm}$
$$D_{2\min} = D_2 + EI = 18.701 + 0 = 18.701\text{mm}$$
$$D_{1\max} = D_1 + ES = 17.835 + 0.375 = 18.210\text{mm}$$
$$D_{1\min} = D_1 + EI = 17.835 + 0 = 17.835\text{mm}$$

外螺纹：$d_{2\max} = d_2 + es = 18.701 + (-0.038) = 18.663\text{mm}$
$$d_{2\min} = d_2 + ei = 18.701 + (-0.163) = 18.538\text{mm}$$
$$d_{\max} = d + es = 20 + (-0.038) = 19.962\text{mm}$$
$$d_{\min} = d + ei = 20 + (-0.318) = 19.682\text{mm}$$

8.2.2 普通螺纹的中径合格性判断

有一内螺纹 M20—7H，测得其实际中径 $D_{2a} = 18.61\text{mm}$，螺距累积误差 $\Delta P_{\Sigma} =$

$40\mu m$，实际牙型半角$\frac{\alpha}{2}_{左}=30°30'$，$\frac{\alpha}{2}_{右}=29°10'$要求判断内螺纹的中径是否合格。

对内螺纹 M20-7H，实测得 $D_{2a}=18.61mm$，且

$$\Delta P_{\Sigma}=40\mu m，\qquad \frac{\alpha}{2}_{左}=30°30'，\qquad \frac{\alpha}{2}_{右}=29°10'$$

查表 8.1 得，M20-7H 为粗牙螺纹，其螺距 $P=2.5mm$，中径 $D_2=18.376mm$；查表 8.4 得，中径公差 $T_{D_2}=0.280mm$；查表 8.5 得，中径下极限偏差 EI＝0。

因此，中径的极限尺寸为

$$D_{2max}=18.656mm，\quad D_{2min}=18.376mm$$

由式 8-3 知，内螺纹的作用中径为

$$D_{2m}=D_{2a}-(f_p+f_{\frac{a}{2}})$$

实际中径为

$$D_{2a}=18.61mm$$

螺距累积误差为

$$\Delta P_{\Sigma}=40\mu m$$

计算 $f_p=1.732\,|\Delta P_{\Sigma}|=1.732\times40\mu m=69.28\mu m=0.069mm$

实际牙型半角

$$\frac{\alpha}{2}_{左}=30°30'，\qquad \frac{\alpha}{2}_{右}=29°10'$$

$$f_{\frac{a}{2}}=0.073P\left[K_1\left|\Delta\frac{\alpha}{2}_{左}\right|+K_2\left|\Delta\frac{\alpha}{2}_{右}\right|\right]\mu m=$$

$$0.073\times2.5\times(3\times30+2\times50)\mu m=34.675\mu m=0.035mm$$

故

$$D_{2m}=18.61-(0.069+0.035)mm=18.506mm$$

根据中径合格性判断原则，有

$$D_{2a}=18.61mm<D_{2max}=18.656mm$$
$$D_{2m}=18.506mm>D_{2min}=18.376mm$$

因

$$D_{2a}<D_{2max}，D_{2m}>D_{2min}$$

故内螺纹的中径合格。

思考与练习

8.1　试述普通螺纹的基本几何参数？

8.2　为什么称中径公差为综合公差？

8.3　内、外螺纹中径是否合格的判断原则是什么？

8.4　影响螺纹互换性的主要因素有哪些？

8.5　查表确定 M10—5g6g 外螺纹中径、大径的基本偏差和公差。

8.6 一对螺纹配合代号为 $M20 \times 2—6H/5g6g$，试查表确定外螺纹中径、大径和内螺纹中径、小径的极限偏差，并画出公差带。

8.7 普通螺纹的公差等级有哪几种？内、外螺纹的公差带是怎样分布的？

8.8 写出下列标注的意义。

1) $M20—5H$

2) $M16—5H6H—L—LH$

3) $M30 \times 1—6H/5g6g$

8.9 螺纹量规的通端和止端是按工件的哪个尺寸制造的？用来检验螺纹的哪个直径？

8.10 螺纹的综合检验和单项测量有哪些方法？

项目 9

圆柱齿轮公差及检测

知识目标

1. 掌握渐开线圆柱齿轮传动的使用要求。
2. 了解齿轮加工主要工艺误差及误差特性。
3. 掌握渐开线圆柱齿轮传动精度的评定指标和指标间关系。
4. 掌握齿轮副精度指标和侧隙指标。
5. 了解齿轮坯精度和齿轮的表面粗糙度。
6. 掌握齿厚极限偏差的计算方法。
7. 了解齿轮检验项目的确定原则。
8. 掌握精度等级的选择和标注。

技能目标

1. 会识读齿轮图样上的精度标注。
2. 能根据使用要求确定齿轮精度和检验项目。
3. 掌握常用齿轮精度的检验方法。

机床齿轮传动箱和减速器中都有齿轮传动，试根据工作要求和有关设计参数确定齿轮精度和检验项目，并绘制齿轮工作图。

9.1 相关知识：圆柱齿轮公差及检测

9.1.1 齿轮传动使用要求和齿轮加工工艺误差

在确定齿轮精度和检验项目前，应该首先了解我国渐开线圆柱齿轮精度制包括 GB/T 10095.1-2—2008 和 GB/Z 18620.1-4—2008 共计两个国标和四个国家标准化指导性技术文件，掌握齿轮传动的使用要求和了解齿轮加工工艺误差。

1. 渐开线圆柱齿轮精度制

齿轮传动是机械中应用最为广泛的一种传动。齿轮传动的精度与机器或仪器的工作性能、承载能力、使用寿命等有密切关系。当前我国渐开线圆柱齿轮精度制包括 GB/T 10095.1-2—2008 和 GB/Z 18620.1-4—2008 共计两个国标和四个国家标准化指导性技术文件。

《圆柱齿轮精度制 第一部分：轮齿同侧齿面偏差的定义和允许值》（GB/T 10095.1—2008）。

《圆柱齿轮精度制 第二部分：径向综合偏差与径向跳动的定义和允许值》（GB/T 10095.2—2008）。

《圆柱齿轮 检验实施规范 第 1 部分：轮齿同侧齿面的检验》（GB/Z 18620.1—2008）。

《圆柱齿轮 检验实施规范 第 2 部分：径向综合偏差、径向跳动、齿厚和侧隙的检验》（GB/Z 18620.2—2008）。

《圆柱齿轮 检验实施规范 第 3 部分：齿轮坯、轴中心距和轴线平行度》（GB/Z 18620.3—2008）。

《圆柱齿轮 检验实施规范 第 4 部分：表面结构和轮齿接触斑点的检验》（GB/Z 18620.4—2008）。

依据这些国家标准和指导性技术文件，介绍齿轮传动的使用要求、齿轮加工的主要工艺误差、齿轮精度和齿轮副侧隙评定指标以及偏差（误差）检测、齿轮坯精度和齿轮箱体精度、齿轮精度设计等。

2. 齿轮传动的使用要求

齿轮传动的使用要求可以归纳为以下四个方面。

（1）传递运动的准确性

要求齿轮在一转范围内，传动比的变化尽量小，以保证主、从动齿轮运动协调。

（2）传动的平稳性

要求齿轮在一个齿距角范围内，传动比的变化尽量小。因为这种小周期传动比的过大变化，表现为传动冲击，产生振动和噪声。

（3）载荷分布的均匀性

要求齿轮啮合时，齿轮齿面接触良好。若载荷集中于局部齿面，可能造成齿面非正常磨损或其他形式的损坏，甚至断齿。

（4）合适的传动侧隙

侧隙即齿侧间隙，是指一对啮合齿轮的工作齿面接触时，非工作齿面之间的间隙。侧隙是在齿轮副装配后形成的。侧隙用于储存润滑油、补偿制造和安装误差、补偿热变形和弹性变形。侧隙过小，在齿轮传动过程中可能发生齿面烧伤或卡死。

不同用途的齿轮传动，对前三项要求的程度会不同，包括各项要求之间的差异；对侧隙大小的要求也不同。例如，分度齿轮和读数齿轮，模数小、转速低，主要要求是传递运动准确；高速动力齿轮如机床和汽车变速箱齿轮，转速高、传递功率较大，主要要求是传动平稳、振动及噪声小，以及齿面接触均匀；低速重载齿轮如轧钢机、矿山机械、起重机械中的齿轮，转速低、传递功率大，主要要求是齿面接触均匀；高速重载齿轮如蒸汽涡轮机和燃气涡轮机中的齿轮，转速高、传递功率大，对传递运动准确性、传动平稳性、载荷分布均匀性的要求都较高。

各类齿轮传动都应有适当的侧隙。齿轮副所要求的侧隙的大小，主要取决于工作条件。对重载、高速齿轮传动，力变形和热变形较大，侧隙应大些；对于需要正、反转的齿轮副，为了减小回程误差，侧隙应较小。

3. 影响齿轮使用要求的主要工艺误差

（1）影响齿轮传递运动准确性的主要工艺误差

影响齿轮传递运动准确性，就齿轮特征来说，是齿轮轮齿分布不均匀。而影响齿轮轮齿分布的主要工艺误差是几何偏心和运动偏心。下面以滚齿为例来分析这两种工艺误差。

如图 9.1 所示，滚齿过程是滚刀 6 与齿坯 2 强制啮合的过程。滚刀的纵向剖切面形状为标准齿条，对单头滚刀，滚刀每转一转，该齿条移动一个齿距。齿坯安装在工作台 3 的心轴 1 上，通过分齿传动链使得滚刀转过一转时，工作台转过被切齿轮的一个齿距角。滚刀和工作台连续回转，切出所有轮齿的齿廓。滚刀架沿滚齿机刀架导轨移动，滚刀切出整个齿宽上的齿廓。滚刀相对工作台回转轴线的径向位置，决定了齿轮齿厚的大小。

1）几何偏心。几何偏心是指齿坯在机床工作台心轴上的安装偏心，见图 9.1。由于齿坯安装孔与心轴之间有间隙，使齿坯安装孔轴线 $O'O'$（齿轮工作时的回转轴线）与工作台回转轴线 OO 不重合，二者在度量面上的距离 e_1 就称为几何偏心。

如图 9.2 所示，在没有其他工艺误差的前提下，切削过程中，滚刀轴线 O_1O_1 的位置不变，工作台回转中心 O 至 O_1O_1 的距离 A 保持不变；齿坯安装孔中心 O' 绕工作台回转中心 O 转动，即齿坯转一转的过程中 O' 至 O_1O_1 的距离 A' 是变动的，其最大距离 A'_{max} 与最小距离 A'_{min} 之差为 $2e_1$。被切齿轮的形态则可概括如下。

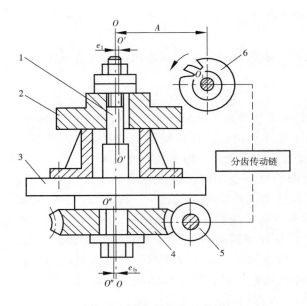

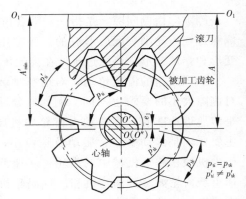

图 9.1　滚齿机切齿示意图

1. 心轴；2. 齿轮坯；3. 工作台；4. 分度蜗轮；

5. 分度蜗杆；6. 滚刀

图 9.2　几何偏心

e_1—几何偏心；O—滚齿机工作台回转中心；

O'—齿轮坯基准孔中心

在以工作台回转中心 O 为圆心的圆周上，轮齿是均匀分布的，任意两个相邻齿之间的齿距都相等，即 $p_{ti} = p_{tk}$；但在以齿坯安装孔中心 O' 为圆心的圆周上，轮齿分布是不均匀的，$p'_{ti} \neq p'_{tk}$。

存在以工作台回转中心 O 为圆心的基圆，相对该基圆，齿廓是理论渐开线；不存在以齿坯安装孔中心 O' 为圆心的基圆，相对 O'，齿廓不是理论渐开线，存在齿廓偏差（齿廓倾斜偏差）。

各齿的齿高不都相等，最大齿高与最小齿高相差 $2e_1$。

齿根圆中心与工作台回转中心 O 同心，齿顶圆与齿根圆不是同心圆（无其他误差假设下，齿顶圆圆心与齿坯安装孔中心 O' 同心）。

在以工作台回转中心 O 为圆心的圆周上，齿厚相等；在以齿坯安装孔中心 O' 为圆心的圆周上，齿厚不相等。

总之，以工作台回转中心 O 为基准来度量齿圈，除齿高不都相等（齿顶圆中心不与之同心）外，其他都是理想的；以齿坯安装孔中心 O' 为基准来度量齿圈，必然都存在误差（偏差）。

还需指出，几何偏心除影响传递运动的准确性外，对其他三方面的使用要求也有影响。

2）运动偏心。运动偏心是指机床分齿传动链传动误差。这种误差导致加工过程中机床工作台与滚刀之间的速比不能保持恒定。可以把分齿传动链各环节的误差等价到其中的一个环节上：分齿传动链中的分度蜗轮与工作台心轴之间存在安装偏心，见

图 9.3，故将此种误差称为运动偏心。

如图 9.3 所示，分度蜗轮的分度圆中心为 O''，分度圆半径为 r；工作台回转中心为 O（即心轴轴线）；二者之间的距离（即"运动偏心"）为 e_{1y}。设滚刀匀速回转，经过分齿传动链，分度蜗杆也匀速回转（其间误差都等价到"运动偏心"上了），带动分度蜗轮绕工作台回转中心 O 转动。分度蜗轮的节圆半径在最小值（$r-e_{1y}$）至最大值（$r+e_{1y}$）之间变化，分度蜗轮的角速度（亦是齿坯的角速度）相应在最大值（$\omega+\Delta\omega$）至最小值（$\omega-\Delta\omega$）之间变化，ω 为分度蜗轮的正确角速度，即节圆半径

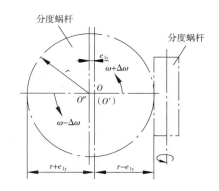

图 9.3　运动偏心—分度蜗轮角速度改变
O''—分度蜗轮的分度圆中心；
O—滚齿机工作台回转中心

为 r 时的角速度。在没有其他工艺误差的前提下，被切齿轮的形态可概括为：

在以齿坯安装孔中心 O'（也是工作台回转中心）为圆心的圆周上，轮齿分布不均匀，齿坯转速慢处齿距角小。实际上，在任何圆周上，轮齿分布都不均匀。

不存在理想基圆，齿廓非理想渐开线，因为加工中基圆半径是变化的。

各齿的齿高相等，因为加工过程中齿坯安装孔中心 O' 至滚刀轴线 O_1O_1 的距离没有改变。

齿顶圆、齿根圆和齿坯安装孔三者同心（齿坯无误差假设及齿高相等）。

在以齿坯安装孔中心 O'（也是工作台回转中心）为圆心的圆周上，齿厚不等，齿坯转速慢处齿厚较大。实际上，在任何圆周上，齿厚都不相等。

总之，运动偏心下，齿轮齿圈除齿高外，都存在误差（偏差）。

还需指出，运动偏心除影响传递运动的准确性外，对其他三方面的使用要求也有影响。

（2）影响齿轮传动平稳性的主要工艺误差

影响齿轮传动平稳性，就齿轮特征来说，是齿轮齿距偏差（特别直接的是基圆齿距偏差）和齿廓偏差（包括齿廓渐开线形状偏差和渐开线压力角偏差）。造成这些误差（偏差）的原因比较复杂，随切齿方法的不同有所不同。下面列举一些滚齿中的主要工艺误差。

1）滚刀齿形角偏差的影响。滚刀齿形角指能与其正确啮合的假想齿条的齿形角。当滚刀齿形角偏差为负时（即滚刀齿形角做小），被切齿轮表现为齿顶部分变肥，齿根部分变瘦，齿形角也小，如图 9.4（a）；当滚刀齿形角偏差为正时（即滚刀齿形角做大），被切齿轮表现为齿顶部分变瘦，齿根部分变肥，齿形角也大，如图 9.4（b）。

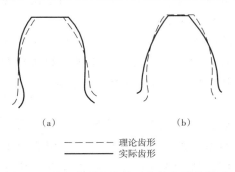

（a）　　　　（b）

- - - - - 理论齿形
———— 实际齿形

图 9.4　滚刀齿形角偏差对齿轮齿廓的影响

齿轮基节相应发生改变。

2）滚刀轴向齿距偏差的影响。滚刀轴向齿距偏差指滚刀轴向实际齿距与理论齿距之差。当滚刀轴向齿距偏差为正时，被切齿轮的基节偏差变大；当滚刀轴向齿距偏差为负时，被切齿轮的基节偏差变小。同时，滚刀轴向齿距偏差引起被切齿轮基圆半径的同向变化，而基圆是决定渐开线齿形的唯一参数。

3）滚刀安装误差的影响。滚刀安装误差包括滚刀径向跳动、滚刀轴向窜动和滚刀轴线偏斜。滚刀径向跳动由滚刀基圆柱相对滚刀安装孔的径向跳动、安装孔与刀杆的配合间隙和刀杆支撑引起的径向跳动组成。滚刀轴向窜动主要由刀杆支撑引起。滚刀轴线偏斜主要由刀杆支撑部位的制造、装配和调整误差引起。在对齿形的影响上，轴向窜动比径向跳动大；轴线偏斜还会造成轮齿两侧齿形角不相等和齿形不对称。

4）机床小周期误差的影响。机床小周期误差主要指分度蜗杆的制造误差和安装后的径向跳动和轴向窜动，它们将直接引起蜗轮的转角误差，进而造成被切齿轮的基圆误差。这些工艺误差以蜗杆一转为一个周期，其所造成的齿轮误差也是周期性的。

（3）影响载荷分布均匀性的主要工艺误差

影响载荷分布均匀性，就齿轮特征而言，是齿轮螺旋线偏差（主要影响齿长方向的接触精度）、基圆齿距偏差和齿廓偏差（主要影响齿高方向的接触精度）。就齿轮副特征而言，是齿轮副安装轴线的平行度偏差（轴线平面内和垂直平面上，齿长、齿高方向的接触精度都受影响）。造成基圆齿距偏差和齿廓偏差的一些工艺因素已在影响齿轮传动平稳性的主要工艺误差中说明，这里仅分析造成齿轮螺旋线偏差的工艺原因。造成齿轮副安装轴线平行度偏差的主要原因是箱体孔轴线的平行度偏差。

1）机床导轨相对于工作台回转轴线的平行度误差的影响。机床导轨相对于工作台回转轴线的平行度误差示意见图 9.5。我们知道，滚齿时靠滚刀作垂直进给来完成整个齿宽的切削。如果机床导轨相对于工作台回转轴线有平行度误差 Δy，就会使滚切出的轮齿向中心倾斜，被切齿轮沿齿宽方向的齿廓位移量不相等，如图 9.5（a）所示；如果机床导轨相对于工作台回转轴线有平行度误差 Δx，就会使滚切出的轮齿相应歪斜，如图 9.5（b）所示，并且 Δx 对载荷分布均匀性的影响要比 Δy 大很多。

2）齿坯安装误差的影响。齿坯安装误差主要有夹具定位端面与心轴轴线不垂直、夹紧后心轴变形、夹具顶尖的同轴度误差等。显而易见，它们的影响相当于机床导轨相对于工作台回转轴线的平行度误差，但齿轮误差形态有不同。

3）齿坯自身误差的影响。影响载荷分布均匀性的齿坯误差主要是齿坯定位端面对安装孔轴线的垂直度误差，如图 9.6 所示。同样，它的影响也相当于机床导轨相对于工作台回转轴线的平行度误差，齿轮误差形态则相当于齿坯安装误差的影响。

（4）影响齿侧间隙的主要工艺原因

影响齿侧间隙，就齿轮特征而言，主要是轮齿齿厚偏差。就齿轮副特征而言，主要是齿轮副中心距偏差。显然，它们的影响方向是：齿厚增大侧隙减小，中心距增大侧隙增大。这里仅分析造成齿厚变动的工艺原因。造成齿轮副中心距偏差的主要原因是箱体孔的中心距偏差。

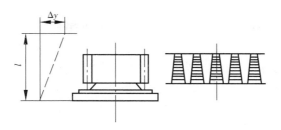

（a）向工件正面倾斜

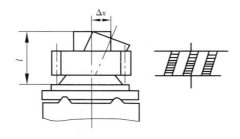

（b）向工件左右倾斜

图 9.5　刀架导轨倾斜的影响

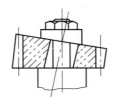 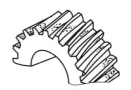

（a）切齿时齿轮坯基准孔轴线倾斜　　（b）各齿接触斑点的位置游动

图 9.6　齿坯自身误差的影响

　　造成齿厚变动的工艺原因主要是切齿时刀具的进刀位置：刀具离工作台回转轴线近一点，齿厚小一点；反之齿厚大一点。

9.1.2　齿轮精度的评定指标及检测

　　根据渐开线齿面的几何特征的要求，齿轮精度的评定指标包括轮齿同侧齿面偏差、齿轮径向综合偏差与径向跳动偏差、齿厚偏差、齿轮副安装偏差等 4 个方面。

　　1. 轮齿同侧齿面偏差

　　国标 GB/T 10095.1—2008 对轮齿同侧齿面精度规定了齿距偏差、齿廓偏差、螺旋线偏差和切向综合偏差 4 种共 12 项偏差。

（1）齿距偏差

1）单个齿距偏差（f_{pt}）。单个齿距偏差是指在端平面上，在接近齿高中部的一个与齿轮基准轴线同心的圆上，实际齿距与理论齿距的代数差，用代号"f_{pt}"表示，如图 9.7 所示。图中 k 为齿距数，p_t 为齿距。实际齿距大于理论齿距时，齿距偏差 f_{pt} 为正；实际齿距小于理论齿距时，齿距偏差 f_{pt} 为负。

单个齿距偏差是影响齿轮传动平稳性的一项评定指标。它是 GB/T 10095.1—2008 规定的评定齿轮几何精度的基本参数。

2）齿距累计偏差（F_{pk}）。齿距累计偏差是指在齿轮端平面上，在接近齿高中部的一个与齿轮基准轴线同心的圆上，任意 k 个齿距的实际弧长与公称弧长的代数差，用代号"F_{pk}"表示，如图 9.7 所示。理论上它等于这 k 个齿距的各单个齿距偏差的代数和。

除非另有规定，F_{pk} 被限定在不大于 1/8 的圆周上评定。因此，F_{pk} 的允许值适用于齿数 k 为 2～$Z/8$ 的弧段内。

3）齿距累计总偏差（F_P）。齿距累计总偏差是指在齿轮同侧齿面任意弧段内的最大齿距累计偏差，它表现为齿距累计偏差曲线的总幅值，用代号"F_P"表示，如图 9.8 所示。

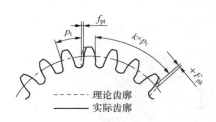

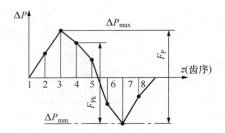

图 9.7　单个齿距偏差与齿距累计偏差　　　　图 9.8　齿距累计偏差曲线图

齿距累计总偏差 F_P 是影响齿轮传递运动准确性的一项评定指标。国标 GB/T 10095.1—2008 给出了齿距累计总偏差 F_P 的允许值。轮齿同侧齿面偏差一般采用双测头齿距比较仪测量，如图 9.9 所示。

4）基节偏差（f_{pb}）。基节偏差是指实际基节与公称基节之差，用代号"f_{pb}"表示，如图 9.10 所示。实际基节是指基圆柱切平面与两相邻同侧齿面相交，两交线之间的法向距离。

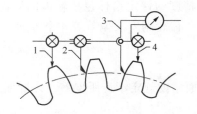

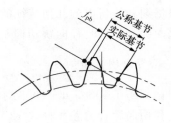

图 9.9　双测头齿距比较仪　　　　　　　　图 9.10　基节偏差

1、4—定位支脚；2—固定量爪；3—活动量爪

基节偏差 f_{pb} 是影响齿轮传动平稳性的一项评定指标。基节偏差 f_{pb} 可用齿轮基节检查仪进行测量，如图 9.11 所示。

（2）齿廓偏差

1）齿廓总偏差（F_a）。齿廓总偏差是指在计值范围内，包容实际齿廓迹线的两条设计齿廓迹线间的距离，用代号 "F_a" 表示，如图 9.12（a）所示。实际齿廓迹线用粗实线表示，设计齿廓迹线用点画线表示，平均齿廓迹线用虚线表示。

2）齿廓形状偏差（f_{fa}）。齿廓形状偏差是指在计值范围内，包容实际齿

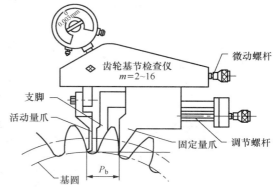

图 9.11　齿轮基节检查仪

廓迹线的与平均齿廓迹线完全相同的两条迹线间的距离，且两条曲线与平均齿廓迹线的距离为常数，用代号 f_{fa} 表示，如图 9.12（b）所示。

3）齿廓倾斜偏差（f_{Ha}）。齿廓倾斜偏差是指在计值范围内，两端与平均齿廓迹线相交的两条设计齿廓迹线间的距离，用代号 "f_{Ha}" 表示，如图 9.12（c）所示。

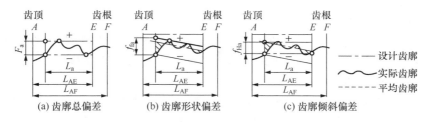

图 9.12　齿廓偏差

L_{AF}—可用长度；L_{AE}—有效长度；L_a—齿廓计值范围

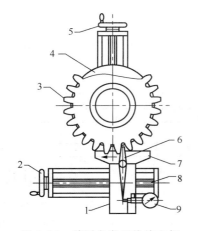

图 9.13　单圆盘渐开线检查仪

1—拖板；2、5—手轮；3—被测齿轮；4—基圆盘；
6—杠杆；7—直尺；8—线杠；9—指示表

齿廓偏差是刀具的制造误差（如齿形误差）、安装误差（如刀具在刀杆上的安装偏心及倾斜）以及机床传动链中短周期误差等综合因素所造成的，齿廓偏差是影响齿廓运动平稳性的一项评定指标。齿廓偏差常采用展成法的单圆盘渐开线检查仪测量，如图 9.13 所示。

（3）螺旋线偏差

1）螺旋线总偏差（F_β）。螺旋线总偏差是指在计值范围内，包容实际螺旋线迹线的两条设计螺旋线迹线之间的距离，用代号 "F_β" 表示，如图 9.14（a）所示。

2）螺旋线形状偏差（$f_{f\beta}$）。螺旋线形状

205

偏差是指在计值范围内，包容实际螺旋线迹线的与平均螺旋线迹线完全相同的两条曲线间的距离，且两条曲线与平均螺旋线的距离为常数，用代号"$f_{f\beta}$"表示，如图 9.14（b）所示。

3）螺旋线倾斜偏差（$f_{H\beta}$）。螺旋线倾斜偏差是指在计值范围内，两端与平均螺旋线迹线相交的两条设计螺旋线迹线间的距离，用代号"$f_{H\beta}$"表示，如图 9.14（c）所示。

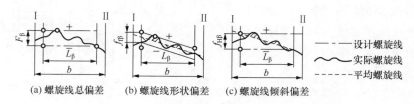

图 9.14　螺旋线偏差

L_B—有效尺度；b—齿廓宽度

螺旋线偏差是影响齿轮载荷分布均匀性的一项评定指标。其测量方法有展成法和坐标法等。展成法可采用渐开线螺旋线检查仪测量，坐标法可采用螺旋线样板检查仪测量。

（4）切向综合偏差

1）切向综合总偏差（F_i'）。切向综合总偏差是指被测齿轮与测量齿轮单面啮合检验时，被测齿轮一转内，齿轮分度圆上实际圆周位移与理论圆周位移的最大差值，用代号"F_i'"表示，如图 9.15 所示。

切向综合总偏差 F_i' 是影响齿轮传递运动准确性的一项评定指标。

2）一齿切向综合偏差（f_i'）。一齿切向综合偏差是指被测齿轮与测量齿轮单面啮合检验时，在被测齿轮一个齿距内，齿轮分度圆上实际圆周位移与理论圆周位移的最大差值，用代号"f_i'"表示，如图 9.15 所示。

一齿切向综合偏差 f_i' 是影响齿轮传动平稳性的一项指标。

切向综合偏差是几何偏心、运动偏心以及各种短周期误差等综合影响的结果。切向综合偏差采用齿轮单面啮合综合检查仪测量，如图 9.16 所示。

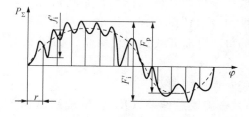

图 9.15　切向综合偏差曲线图

φ—被测齿轮转角；P_Σ—被测齿轮实际圆周位移
对理论圆周位移的偏差；$y—360°/z$（z 为
被测齿轮的齿数）

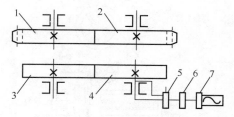

图 9.16　齿轮单面啮合综合检查仪

1—被测齿轮；2—测量齿轮；3—被测齿轮分度
圆摩擦盘；4—测量齿轮分度圆摩擦盘；5—传感
器；6—放大器；7—记录器

2. 齿轮径向综合偏差与径向跳动偏差

（1）径向综合总偏差（F_i''）

径向综合总偏差是指被测齿轮与测量齿轮双面啮合时，在被测齿轮一转内，中心距的最大值和最小值之差，用代号"F_i''"表示，如图 9.17 所示。

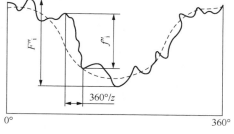

径向综合总偏差 F_i'' 是影响齿轮传递运动准确性的一项评定指标。

（2）一齿径向综合偏差（f_i''）

一齿径向综合偏差是指被测齿轮与测量齿轮双面啮合时，在被测齿轮一转内对应一个齿距角（$360°/z$，z 为被测齿轮的齿数）范围内的双啮中心距的最大变动量，用代号"f_i''"表示，如图 9.17 所示。

图 9.17　径向综合偏差曲线图

轮齿径向综合偏差主要反映由几何偏心引起的误差，是影响齿轮传动平稳性的一项评定指标。

轮齿径向综合偏差常采用齿轮双面啮合综合检查仪测量，如图 9.18 所示。

（3）径向跳动偏差（F_r）

齿轮径向跳动偏差是指在齿轮一转范围内，将测量头相继置于每个齿槽内，与齿高中部双面接触，所测得的齿轮轴线的最大和最小径向距离之差，用代号"F_r"表示，如图 9.19 所示。图中齿轮偏心量 e_1 是径向跳动的一部分。

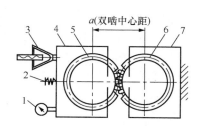

图 9.18　齿轮双面啮合综合检查仪

1—指示表；2—弹簧；3—记录仪；4—可移动滑座；

5—测量齿轮；6—被测齿轮；7—固定滑座

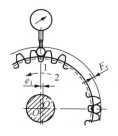

图 9.19　齿轮径向跳动偏差

齿轮径向跳动偏差 F_r 是由于齿轮的轴线和基准孔的中心线存在几何偏心所造成的，是影响传递运动准确性的一项评定指标。图 9.20 所示为齿轮径向跳动曲线图。

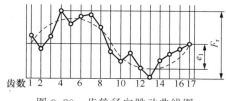

图 9.20　齿轮径向跳动曲线图

3. 齿厚偏差

（1）齿厚偏差（E_{sn}）

齿厚偏差是指在齿轮的分度圆柱上，实际齿厚 S_{na} 与公称齿厚 S_n 之差（对于斜齿轮，为法向齿厚），用代号"E_{sn}"表示，如图 9.21

（a）所示。

为了获得适当的齿轮副侧隙，规定用齿厚极限偏差来限制实际齿厚偏差，E_{sns} 和 E_{sni} 分别为齿厚的上偏差和下偏差，如图 9.21（b）所示。

齿厚偏差 E_{sn} 是影响齿轮副侧隙要求的一项评定指标，可用齿厚游标卡尺进行测量。如图 9.22 所示，齿厚游标卡尺由两只相互垂直的主尺构成，垂直主尺有一个定位面，由垂直游标读数显示其位置，用来确定测量部位高度；水平主尺有两个量角，当它们与齿面接触时，由水平游标读数读出量角间距离，即所测部位的齿厚。通常，用一次或两次测量结果来表明整个齿轮在齿厚方面的特性。

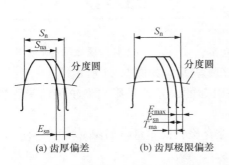

图 9.21　齿厚偏差和齿厚极限偏差

S_a—公称齿厚；S_{na}—实际齿厚；E_{na}—齿厚偏差；

E_{na}—齿厚上偏差；E_{ma}—齿厚下偏差；T_{na}—齿厚公差

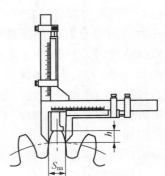

图 9.22　齿厚游标卡尺

可以看出，齿厚游标卡尺携带方便，使用简便。但是，由于量角与齿面的接触位置在尖角处，测量位置和测量力不易控制；测量需用齿顶圆定位，齿顶圆的尺寸精度和其对齿轮安装孔的同轴度精度对测量定位精度影响较大，因而测量精度较低。为追求较高测量精度，可以采用测公法线长度或测跨球（圆柱）尺寸来反映齿厚状况。

另外，齿厚游标卡尺不能用于测量内齿轮。

（2）公法线长度偏差（E_w）与实际公法线长度（W_k）

公法线长度偏差是指在齿轮一周范围内，实际公法线长度 W_k 与公称公法线长度 W 的差值，用代号"E_w"表示。

公法线长度偏差 E_w 是齿厚偏差的函数，能反映齿轮副侧隙的大小，可规定极限偏差（上偏差 E_{ws}、下偏差 E_{wi}）来控制公法线长度偏差。公法线长度的极限偏差分别由齿厚的上、下偏差（E_{sns}、E_{sni}）换算得到，其换算关系如下。

对于外齿轮：

$$E_{Ws} = E_{sns}\cos a \qquad (9\text{-}1)$$

$$E_{Wi} = E_{sni}\cos a \qquad (9\text{-}2)$$

对于内齿轮：

$$E_{Ws} = -E_{sni}\cos a \qquad (9\text{-}3)$$

$$E_{Wi} = -E_{sns}\cos a \qquad (9\text{-}4)$$

公称公法线长度 W 的计算公式为

$$W = m\cos a\,[\pi(k-0.5)+Z \times \mathrm{inv}a\,]+2xm\sin a \tag{9-5}$$

式中，m，z，a，x——齿轮的模数、齿数、标准压力角、变位系数（对于标准齿轮，$x=0$）；

      $\mathrm{inv}a$——渐开线函数，$\mathrm{inv}20°=0.0149$；

      k——测量时的跨齿数（整数）。当 $a=20°$ 时，$k=z/9+0.5$（四舍五入取整数）。

公法线长度偏差是影响齿轮副侧隙要求的一项评定指标。公法线长度偏差可反映轮齿的厚薄。公法线长度偏差可用公法线千分尺或公法线指示卡规测量，如图 9.23 所示。

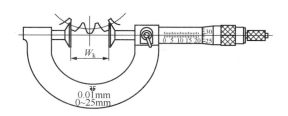

图 9.23　公法线千分尺

4．齿轮副安装偏差

（1）中心距偏差（f_a）

齿轮副的中心距偏差 f_a 是指在箱体两侧轴承孔跨距 L 的范围内，实际中心距与公称中心距之差。由于侧隙体制采用的是基中心距制，中心距的公差带只有一种：对称配置，见图 9.24。极限侧隙的确定是在中心距公差带确定后才进行，故确定中心距公差带时并不考虑侧隙的影响因素，这些影响因素是在确定齿厚极限偏差时考虑。现行标准没有给出中心距极限偏差 $\pm f_a$ 的确定方法和数值表。GB 10095—88 推荐按第 Ⅱ 公差组等级确定中心距极限偏差。齿轮精度现行标准没有做此推荐，也没有新的推荐。鉴于原标准的推荐仍有使用意义，故原样摘录如附表 9.8。应注意，现行标准还没有"第 Ⅱ 公差组等级"概念，而且新旧标准相同指标的等级划分有不同。在使用时可以采用数值比对方法，先看所选主要影响齿轮传动平稳性指标的公差数值相当于原标准的哪一级，再按该级查表。一般说来，直接按现行标准指标等级查表，出入也不大。

（2）齿轮副轴线平行度偏差

轴线平行度偏差对载荷分布的影响与方向有关，标准分别规定了轴线平面内的偏差 $f_{\Sigma\delta}$ 和垂直平面内的偏差 $f_{\Sigma\beta}$，如图 9.24 所示。

轴线平面内的偏差 $f_{\Sigma\delta}$ 是在两轴线的公共平面上测量的，公共平面是用两根轴中轴承跨距较长的一根轴的轴线（称为 L）和另一根轴上的一个轴承来确定的，如果两根轴的轴承跨距相同，则用小齿轮轴的轴线和大齿轮轴的一个轴承中心。垂直平面内的偏差 $f_{\Sigma\beta}$ 是在过轴承中心、垂直于公共平面且平行于轴线 L 的平面上测量的。显然，度量对象是轴承跨距较短或大齿轮轴的轴线，度量值分别是这根轴线在这两个平面上的投影的平行度偏差。

轴线平行度偏差影响螺旋线啮合偏差，轴线平面内偏差的影响是工作压力角的正弦函数，而垂直平面上偏差的影响则是工作压力角的余弦函数。可见一定量的垂直平面上偏差导致的啮合偏差将比同样大小的轴线平面内偏差导致的啮合偏差要大 2～3 倍。因此，对这两种偏差要规定不同的最大允许值，现行标准推荐如下。

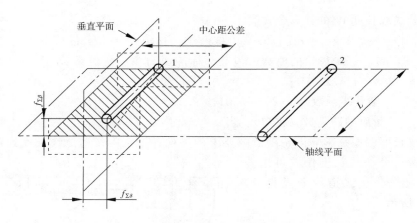

图 9.24　轴线平行度偏差与中心距公差

垂直平面内偏差 $f_{\Sigma\beta}$ 的最大允许值为

$$f_{\Sigma\beta}=0.5(L/b)F_{\beta} \tag{9-6}$$

轴线平面内偏差 $f_{\Sigma\delta}$ 的最大允许值为

$$f_{\Sigma\delta}=2f_{\Sigma\beta} \tag{9-7}$$

式中，L——较大的轴承跨距；

　　　b——齿宽；

　　　F_{β}——螺旋线总偏差。

齿轮副轴线平行度偏差不仅影响载荷分布的均匀性，也影响齿轮副的侧隙。

必须注意，现行标准齿轮副轴线平行度偏差定义在轴承跨距上，旧标准则定义在齿宽上。

（3）齿轮副的接触斑点

接触斑点及其与齿轮精度等级的一般关系。接触斑点是指装配（在箱体内或啮合实验台上）好的齿轮副，在轻微制动下运转后齿面的接触痕迹。接触斑点用接触痕迹占齿宽 b 和有效齿面高度 h 的百分比表示，如图 9.25 所示。

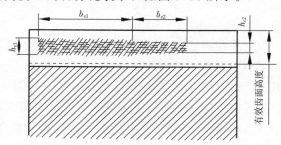

图 9.25　接触斑点示意图

产品齿轮副的接触斑点（在箱体内安装）可以反映轮齿间载荷分布情况；产品齿轮与测量齿轮的接触斑点（在啮合实验台上安装），还可用于齿轮齿廓和螺旋线精度的评估。

表 9.1 和表 9.2 表示了齿轮装配后（空载）检测时齿轮精度等级和接触斑点分布

的一般关系，是符合表列精度的齿轮副在接触精度上最好的接触斑点，适用于齿廓和螺旋线未经修形的齿轮。在啮合实验台上安装所获得的检查结果应当是相似的。但是，不要利用这两个表格，通过接触斑点的检查结果，去反推齿轮的精度等级。

表 9.1　斜齿轮装配后的接触斑点

精度等级	$b_{c1}/\%$ （齿长方向）	$h_{c1}/\%$ （齿高方向）	$b_{c2}/\%$ （齿长方向）	$h_{c2}/\%$ （齿高方向）
4 级及更高	50	50	40	30
5 和 6 级	45	40	35	20
7 和 8 级	35	40	35	20
9 至 12 级	25	40	25	20

表 9.2　直齿轮装配后的接触斑点

精度等级	$b_{c1}/\%$ （齿长方向）	$h_{c1}/\%$ （齿高方向）	$b_{c2}/\%$ （齿长方向）	$h_{c2}/\%$ （齿高方向）
4 级及更高	50	70	40	50
5 和 6 级	45	50	35	30
7 和 8 级	35	50	35	30
9 至 12 级	25	50	25	30

对重要的齿轮副，对齿廓、螺旋线修形的齿轮，可以在图样中规定所需接触斑点的位置、形状和大小。

《圆柱齿轮 检验实施规范 第 4 部分：表面结构和轮齿接触斑点的检验》（GB/Z 18620.4—2008）说明了获得接触斑点的方法、对检测过程的要求以及应该注意的问题。

（4）齿轮副侧隙

齿轮副侧隙的评定指标可分为圆周侧隙（j_{wt}）、法向侧隙（j_{bn}）、最小法向侧隙（j_{bnmin}）和侧间隙减小量（J_{bn}）四种。

1）圆周侧隙（j_{wt}）。圆周侧隙是指对于装配好的齿轮副，一个齿轮固定时，测得的另一个齿轮的圆周晃动量，以分度圆弧长计值，用代号"j_{wt}"表示，如图 9.26 所示。

2）法向侧隙（J_{bn}）。法向侧隙是指对于装配好的齿轮副，当工作面接触时，测得的非工作面间的最短距离，用代号"J_{bn}"表示，如图 9.27 所示。

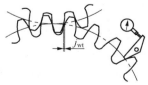

图 9.26　齿轮副的圆周侧隙

图 9.27　齿轮副的法向侧隙

圆周侧隙 j_{wt} 与法向侧隙 J_{bn} 的关系为

$$j_{bn} = j_{wt}\cos\beta_b\cos a_n \qquad (9\text{-}8)$$

式中，β_b——基圆螺旋角；

$\quad\quad a_n$——分度圆法面压力角。

3）最小法向侧隙（j_{bnmin}）。最小法向侧隙 j_{bnmin} 是指装配好的齿轮副在无负载时所需最小限度的法向侧隙，它与齿轮精度无关。最小法向侧隙 j_{bnmin} 的计算公式为

$$j_{bnmin} = \frac{2}{3}(0.06 + 0.0005\,|a_1|) + 0.03m_n \qquad (9\text{-}9)$$

式中，a_1——最小中心距；

$\quad\quad m_n$——法向模数。

4）侧隙减小量（J_{bn}）。侧隙减小量 J_{bn} 是指由于齿轮和箱体的制造误差以及安装误差所引起的侧隙减小的补偿量。其计算公式为

$$J_{bn} = \sqrt{1.76f_{pt}^2 + \left[2 + 0.34\left(\frac{L}{b}\right)^2\right]F_\beta^2} \qquad (9\text{-}10)$$

式中，L——箱体上轴承跨距；

$\quad\quad b$——齿宽。

侧隙的大小主要取决于齿厚和中心距。在齿轮转动中，速度、温度、负载等都会影响侧隙，为保证齿轮在负载状态下正常工作，要求有足够的侧隙。

圆周侧隙可用指示表测量，法向侧隙通常在相互啮合齿轮齿面的法向平面上或啮合线上用塞尺测量。

（5）齿厚上偏差 E_{sns}、E_{sni} 和齿厚公差 T_{sn} 的确定

1）齿厚上偏差 E_{sns} 的计算公式

$$E_{sns} = \frac{-j_{bnmin}}{2\cos a_n} \qquad (9\text{-}11)$$

式中，a_n 为法向压力角。

2）齿厚下偏差 E_{sni} 的计算公式

$$E_{sni} = E_{sns} - T_{sn} \qquad (9\text{-}12)$$

3）齿厚公差 T_{sn} 的计算公式

$$T_{sn} = 2\tan a_n \sqrt{F_r^2 + b_r^2} \qquad (9\text{-}13)$$

式中，F_r——齿轮径向跳动偏差；

$\quad\quad b_r$——切齿径向进刀公差，可按表 9.3 选用。表中的 IT 值按分度圆直径从标准公差数值中选取。

表 9.3　切齿径向进刀公差 b_r

齿轮精度等级	4	5	6	7	8	9
b_r	1.26IT7	IT8	1.26IT8	IT9	1.26IT9	IT10

9.1.3 齿轮坯和箱体孔的精度及齿轮的表面粗糙度确定

齿轮坯的尺寸偏差和箱体孔的尺寸偏差对于齿轮副的接触条件和运行状况有着极大的影响。加工较高精度的齿轮坯和箱体，比加工较高精度的齿轮要容易实现并经济得多。同时，齿轮坯精度也是保证齿轮加工精度的重要条件。应根据制造设备和条件，使齿轮坯和箱体的制造公差保持在可能的最小值，这样就能给齿轮以较松的公差，从而获得更为经济的整体设计。齿轮的表面粗糙度影响齿轮副的接触精度和传动的平稳性及使用寿命，应合理选择表面粗糙度值。

1. 齿轮坯精度

有关齿轮轮齿精度（齿廓偏差、相邻齿距偏差等）参数的数值，只有在明确其基准轴线时才有意义。如在测量时齿轮基准轴线有改变，则这些参数数值也将改变。因此在齿轮图纸上必须把规定齿轮公差的基准轴线明确表示出来，事实上整个齿轮的参数体系均以其为准。

（1）基准轴线与工作轴线之间的关系

基准轴线是制造者（检测者）用来确定单个轮齿几何形状的轴线，是制造（检测）所必需的。工作轴线是齿轮在工作时绕其旋转的轴线，确定在齿轮安装面的中心上。设计者要使基准轴线在产品图上得到足够清楚的表达、基准轴线方便于在制造（检测）中精确地体现、基准轴线方便于齿轮相对于工作轴线的技术要求得以满足。

满足此要求最常用的方法是以齿轮工作轴线为其基准轴线，即以齿轮安装面作为制造（检测）基准面。然而，在一些情况下，首先需确定一个基准轴线（通常称之为设计基准），然后将其他所有的轴线，包括工作轴线及可能还有的一些制造中用到的轴线（通常称之为工艺基准）用适当的公差与之联系。在此情况下，齿轮性能尺寸链将增加环节，使某一或某些组成环的公差减小。

（2）确定基准轴线的方法

一个零件的基准轴线是用基准面来确定的，有三种基本方法实现它。

1）如图 9.28 所示，用两个"短的"圆柱或圆锥形基准面上设定的两个圆的圆心来确定轴线上的两点。图中，基准所示表面是预定的轴齿轮安装表面。

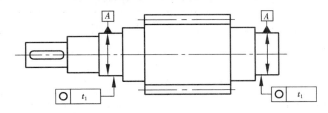

图 9.28　用两个"短的"基准面确定基准轴线

2）如图 9.29 所示，用一个"长的"圆柱或圆锥形的面来同时确定轴线的位置和方向。孔的轴线可以用与之相匹配的工作芯轴的轴线来代表。

3）如图9.30所示，轴线的位置用一个"短的"圆柱形基准面上的一个圆的圆心来确定，而其方向则用垂直于过该圆心的轴线（理论上是存在的）的一个基准端面来确定。

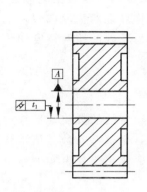

图9.29　用一个"长的"
基准面确定基准轴线

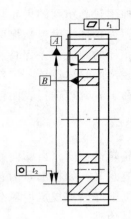

图9.30　用一个圆柱面和
一个端面确定基准轴线

如果采用第1种或第3种方法，其圆柱或圆锥形基准面必须是轴向很短的，以保证它们自己不会单独确定另一条轴线。在第3种方法中，基准端面的直径应尽可能取大一些。

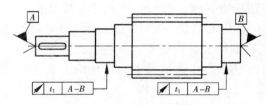

图9.31　用中心孔确定基准轴线

（3）中心孔的应用

在制造和检测时，对于与轴做成一体的小齿轮，最常用的也是最满意的工艺基准是轴两端的中心孔，通过中心孔将轴安置于顶尖上。这样，两个中心孔就确定了它的基准轴线，齿轮公差及（轴承）安装面的公差均须相对于此轴线来规定（图9.31）。而且很明显，安装面相对于中心孔的跳动公差必须规定很小的公差值（表9.4）。

表9.4　基准面与安装面的形状公差

确定轴线的基准面	公差项目		
	圆 度	圆柱度	平面度
两个"短的"圆柱或圆锥形基准面	0.04（L/b）F_β 或 0.1F_P，两者中之小值		
一个"长的"圆柱或圆锥形基准面		0.04（L/b）F_β 或 0.1F_P，两者中之小值	
一个短的圆柱面和一个端面	0.06F_P		0.06（D_d/b）F_β

注：L——轴承跨距；b——齿宽；D_d——基准面（端面）直径；F_β——螺旋线总偏差；F_P——齿距累积总偏差。

214

（4）基准面的形状公差、工作及制造安装面的形状公差

基准面的精度要求取决于齿轮的精度要求。基准面的形状公差不应大于表 9.4 中所规定的数值，并力求减至能经济地制造的最小值。

工作安装面的形状公差，不应大于表 9.4 中所给定的数值。如果用了另外的制造安装面，应采用同样的限制。

这些面的精度要求，必须在零件图上规定。

（5）工作安装面的跳动公差

如果工作安装面被选择为基准面，则不涉及本条。当基准轴线与工作轴线不重合时（图 9.31），则工作安装面相对于基准轴线的跳动必须在图样上予以表示。跳动公差不应大于表 9.5 中所规定的数值。

表 9.5　工作安装面的跳动公差

工作安装面	跳动量（总的指示幅度）	
	径　向	轴　向
仅指圆柱或圆锥形安装面	$0.15 (L/b) F_\beta$ 或 $0.3 F_P$，两者中之大值	
一个圆柱安装面和一个端面安装面	$0.3 F_P$	$0.2 (D_d/b) F_\beta$

注：表中符号意义同表 9.4。

如果把齿顶圆柱面作为基准面，表 9.5 中的数值可用作尺寸公差，而其形状公差不应大于表 9.4 中的适当数值。

（6）基准面与安装面的尺寸公差

基准面与安装面的尺寸公差见表 9.6。

表 9.6　基准面与安装面的尺寸公差

齿轮精度等级	6	7	8	9
孔	IT6	IT7		IT8
轴	IT5	IT6		IT7
顶圆柱面	IT8			IT9

（7）齿坯各表面的粗糙度

齿坯各表面的粗糙度 R_a 的推荐值见表 9.7。

表 9.7　齿坯各表面的粗糙度 R_a 的推荐值

（摘自 GB/Z 18620.4—2008）　　　　　　　　（单位：μm）

齿轮精度等级	6	7	8	9
基准孔	1.25	1.25～2.5		5
基准轴径	0.63	1.25	2.5	
基准端面	2.5～5		5	
顶圆柱面	5			

2. 箱体公差

设计者应对箱体孔中心距和轴线（或公共轴线）的平行度两项偏差选择适当的极限偏差 $\pm f_a'$ 和公差 $f_{\Sigma\delta}'$、$f_{\Sigma\beta}'$。公差值的选择与单个齿轮的参数公差密切相关，特别是与主要影响齿轮传动平稳性和齿面接触均匀性的参数公差密切相关，以保证这些参数公差所应体现的传动功能得以发挥：沿齿长方向正常接触和不因接触的不均匀造成传动比额外的高频变化（额外的振动）。结构上可以使轴承位置能够调整，这可能是提高传动精度最为有效的技术措施；当然，成本会有增加，结构实现上也有许多困难。

（1）箱体孔中心距极限偏差

箱体孔中心距极限偏差 $\pm f_a'$ 参照齿轮副中心距极限偏差 $\pm f_a$ 确定，f_a' 不能大于 f_a，可取 $f_a' = 0.8 f_a$。注意到旧标准中齿轮副中心距偏差的定义与现行标准不同，在同样极限偏差值时，现行标准的限制要比旧标准严格，f_a' 占 f_a 的比例可以更大一些。

（2）箱体孔轴线平行度公差

箱体孔轴线平行度公差 $f_{\Sigma\delta}'$ 和 $f_{\Sigma\beta}'$ 分别参照齿轮副轴线平面内平行度公差 $f_{\Sigma\delta}$ 和垂直平面内平行度公差 $f_{\Sigma\beta}$ 选取，前者不能大于后者，可以取为相同。

3. 齿面粗糙度

齿面粗糙度 R_a 的推荐值见表 9.8。

表 9.8　齿面粗糙度 R_a 的推荐值（摘自 GB/Z 18620.3—2008）

模数 m /mm	精度等级											
	1	2	3	4	5	6	7	8	9	10	11	12
	精度值/μm											
	0.04	0.08	0.16	0.32	0.5　0.63　0.8	0.8　1.00　1.25	1.25　1.6　2.0	2.0　2.5　3.2	3.2　4　5.0	5.0　6.3　8.0	10　12.5　16	20　25　32

9.1.4　渐开线圆柱齿轮精度设计

在了解渐开线圆柱齿轮精度等级的基础上，能根据齿轮用途、使用要求、传动功率、圆周速度等技术要求来选择精度等级和齿轮检验项目，计算或查表确定公差值，并会在齿轮图样上标注。

1. 渐开线圆柱齿轮精度选用

（1）渐开线圆柱齿轮精度等级

GB/T 10095.1—2008 和 GB/T 10095.2—2008 对渐开线圆柱齿轮的精度等级作了如下规定。

1）轮齿同侧齿面偏差规定了 0～12 共 13 个精度等级，其中 0 级最高，12 级最低。标准使用范围为分度圆直径为 5～1000mm、法向模数为 0.5～70mm、齿宽为 4～1000mm 的渐开线圆柱齿轮。齿轮同侧齿面偏差的公差值及极限偏差见附表 9.1～附表 9.4 所示。

2）齿轮径向综合偏差规定了 4～12 共 9 个精度等级，其中 4 级最高，12 级最低。标准使用范围为分度圆直径为 5～1000mm、法向模数为 0.2～10mm 的渐开线圆柱齿轮。齿轮径向综合偏差的公差值见附表 9.5～附表 9.6 所示。

3）齿轮径向跳动偏差在 GB/T 10095.2—2008 的附录中推荐了 0～12 共 13 个精度等级，其中 0 级最高，12 级最低。标准适用范围为分度圆直径为 5～1000mm、法向模数为 0.5～70mm、齿宽为 4～1000mm 的渐开线圆柱齿轮。齿轮径向跳动偏差值见附表 9.7 所示。

4）齿轮副安装偏差见附表 9.8 所示。

（2）精度等级的选择

齿轮精度等级应根据齿轮用途、使用要求、传动功率、圆周速度等技术要求来决定，一般可选用计算法或类比法。

1）计算法。如果已知传动链末端元件传动精度要求，可按传动链误差传递规律，分配各级齿轮副的传动精度要求，确定齿轮的精度等级；根据传动装置允许的机械振动，用机械动力学和机械振动学理论在确定装置动态特性基础上确定齿轮精度要求。

一般，并不需要同时做以上两项计算。应根据齿轮使用要求的主要方面，确定主要影响传递运动准确性指标的精度等级或主要影响传动平稳性指标的精度等级，以此为基础，考虑其他使用要求并兼顾工艺协调原则，确定其他指标的精度等级。

2）类比法。类比法是依据以往的产品设计、性能试验和使用过程中所积累的经验，以及较可靠的各种齿轮精度等级选择的技术资料，经过与所涉及的齿轮在用途、工作条件以及技术性能上进行对比后，选定其精度等级。对于一般无特殊技术要求的齿轮传动，大多采用类比法。表 9.9 是常用精度等级齿轮的一般加工方法，表 9.10 是齿轮传动常用精度等级在机床上的大致应用，表 9.11 是齿轮传动常用精度等级在交通和工程机械上的大致应用。

表 9.9　常用精度等级齿轮的一般加工方法

项　目	精度等级					
	4	5	6	7	8	9
切齿方法	周期误差很小的精密机床上范成法加工	周期误差小的精密机床上范成法加工	精密机床上范成法加工	较精密机床上范成法加工	范成法机床加工	范成法机床加工或分度法精细加工
齿面最后加工	精密磨齿；软和中硬齿面的大齿轮研齿或剃齿		磨齿、精密滚齿或剃齿	较高精度滚齿和插齿，渗碳淬火齿轮需后续加工	滚齿和插齿，必要时剃齿	一般滚、插齿

续表

项　目		精度等级										
		4		5		6		7		8		9
齿面粗糙度	齿面	硬化	调质	硬化	调质	硬化	调质	硬化	调质	硬化	调质	硬化　调质
	R_a 值	0.4	0.8	1.6	0.8	1.6		3.2		6.3	3.2	6.3

表 9.10　齿轮传动常用精度等级在机床上的应用

	精度等级				
	4	5	6	7	8	9
工作条件及应用范围	高精度和精密的分度链末端齿轮　圆周速度高于 30m/s 的直齿轮和高于 50m/s 的斜齿轮	一般精度的分度链末端齿轮，高精度和精密的分度链中间齿轮　圆周速度在 15～30m/s 之间的直齿轮，圆周速度在 30～50 m/s 之间的斜齿轮	一般精度的分度链中间齿轮　Ⅲ级和Ⅲ级以上精度等级机床的进给齿轮　油泵齿轮　圆周速度在 10～15m/s 之间的直齿轮，圆周速度在 15～30m/s 之间的斜齿轮	Ⅳ级和Ⅳ级以下精度等级机床的进给齿轮　圆周速度在 6～10m/s 之间的直齿轮，圆周速度在 8～15m/s 之间的斜齿轮	圆周速度低于 6m/s 的直齿轮和低于 8m/s 的斜齿轮	没有传动精度要求的手动齿轮

表 9.11　齿轮传动常用精度等级在交通和工程机械上的应用

	精度等级				
	4	5	6	7	8	9
工作条件及应用范围	需要很高的平稳性、低噪声的船用和航空齿轮　圆周速度高于 35m/s 的直齿轮和高于 70m/s 的斜齿轮	需要高的平稳性、低噪声的船用和航空齿轮　圆周速度在 20～35m/s 之间的直齿轮，圆周速度在 35～70m/s 之间的斜齿轮	高速传动、平稳和低噪声要求的机车、飞机、船舶和轿车的齿轮　圆周速度在 15～20m/s 之间的直齿轮，圆周速度在 25～35m/s 之间的斜齿轮	有平稳和低噪声要求的飞机、船舶和轿车的齿轮　圆周速度在 10～15m/s 之间的直齿轮，圆周速度在 15～25m/s 之间的斜齿轮	中等速度、较平稳传动的载重汽车和拖拉机的齿轮　圆周速度在 4～10m/s 之间的直齿轮，圆周速度在 8～15m/s 之间的斜齿轮	较低速和噪声要求不高的载重汽车第 1 挡和倒挡齿轮，拖拉机和联合收割机齿轮　圆周速度低于 4m/s 的直齿轮和低于 8m/s 的斜齿轮

2. 齿轮检验项目的选择及公差值的确定

国家标准对齿轮本身的偏差项目共给出了 20 多种，其中有的属于单项测量，有的属于综合测量，标准规定以单项测量为主。

在齿轮检验中，没有必要测量全部齿轮要素的偏差。由于各种偏差之间存在相关性和可替代性，标准对单个齿轮规定了 5 项强制性检测项目：齿距累计总偏差 F_p、齿距累计偏差 $\pm F_{pk}$、单个齿距偏差 $\pm f_{pt}$、齿廓总偏差 F_α、螺旋线总偏差 F_β。

按照我国齿轮加工生产实践与检测水平，推荐了 5 个齿轮精度检测组，如表 9.12 所示。设计人员可按齿轮精度等级、尺寸大小、生产批量和检验设备选取一个检验组来评定齿轮的精度。

表 9.12　齿轮精度检验组（推荐）

检验组	偏差项目	对传动性能的影响	精度等级	备注
1	F_p、F_α、F_β、F_r、E_{sns} 或 E_{sni}	影响运动的准确性	3～9	单件小批量
2	F_p、F_{pk}、F_α、F_β、F_r、E_{sns} 或 E_{sni}	影响运动的准确性、载荷分布均匀性和侧隙	3～9	单件小批量
3	F_i''、f_i''、E_{sns} 或 E_{sni}	影响运动的准确性、传动平稳性和侧隙	6～9	大批量
4	f_{pt}、F_r、E_{sns} 或 E_{sni}	影响运动的准确性、传动平稳性和侧隙	10～12	
5	F_i'、f_i'、F_β、E_{sns} 或 E_{sni}	影响运动的准确性、传动平稳性、载荷分布均匀性和侧隙	3～8	大批量

3. 齿轮精度的标注

国家标准规定，当技术文件需要表示齿轮精度要求时，应注明 GB/T 10095.1—2008 或 GB/T 10095.2—2008。

若齿轮的检验项目同为某一精度等级时，可标注精度等级和标准号。如齿轮检验项目同为 7 级，则标注为

$$7GB/T\ 10095.1—2008 \text{ 或 } 7GB/T\ 10095.2—2008$$

若齿轮检验项目的精度等级不同时，应在各精度等级后标出相应的测量项目。如齿廓总偏差 F_α 为 6 级、齿距累计总偏差 F_p 和螺旋线总偏差 F_β 为 7 级时，则标注为

$$6(F_\alpha)、7(F_p、F_\beta)\ GB/T\ 10095.1—2008$$

4. 齿轮精度的设计步骤

根据齿轮传动的国家标准，齿轮精度的设计步骤如下。

1）确定齿轮的精度等级。

2）选择齿轮检验组并确定其公差值。

3）选择侧隙和计算齿厚偏差。

4）确定齿坯公差和表面粗糙度。

5）计算公法线长度极限偏差。

6）绘制齿轮工作图。

9.2 项目实施：齿轮精度确定和检验项目选择

一机床齿轮传动箱中有一标准直齿圆柱齿轮副，$z_1=26$，$z_2=56$，$m_n=2.75\text{mm}$，$b_1=28\text{mm}$，$b_2=24\text{mm}$，两轴承之间距离 $L=90\text{mm}$，$n_1=1650\text{r/min}$，齿轮与箱体材料分别为钢和铸铁，单件小批量生产。试确定小齿轮精度和检验项目，绘制齿轮工作图。

（1）确定小齿轮精度等级

1）计算小齿轮圆周运动速度 v

$$d_1 = m_n z_1 = 2.75 \times 26 = 71.5\text{mm}$$

$$v = \frac{\pi d_1 n}{60 \times 1000} = \frac{3.14 \times 71.5 \times 1650}{60 \times 1000} = 6.17\text{m/s}$$

2）参考表 9.10，考虑到机床齿轮传动既传递运动又传递动力，且对运动准确性要求不太高，确定小齿轮精度等级取 7 级，按照标准标注为：7GB/T 10095.1—2008。

（2）确定检验项目

参考表 9.12，确定齿轮精度等级检验组为第一检验组，必检项目为 F_P、F_α、F_β、F_r、E_{sns} 或 E_{sni}。分别查表得出：$F_P=0.038\text{mm}$，$F_\alpha=0.016\text{mm}$，$F_\beta=0.017\text{mm}$，$F_r=0.030\text{mm}$。

确定齿轮中心距 a_1

$$a_1 = \frac{m_n(z_1 + z_2)}{2} = \frac{2.75 \times (26 + 56)}{2} = 112.75\text{mm}$$

由式（9-9）求出侧隙 j_{bnmin}

$$j_{bnmin} = \frac{2}{3}(0.06 + 0.0005|a_1|) + 0.03m_n$$

$$= \frac{2}{3}(0.06 + 0.0005 \times 112.75) + 0.03 \times 2.75$$

$$= 0.16\text{mm}$$

由式（9-11）求出齿厚上偏差 E_{sns}

$$E_{sns} = \frac{-j_{bnmin}}{2\cos a_n} = \frac{-0.16}{2\cos 20°} = -0.085\text{mm}$$

查表 9.3 得出切齿径向进刀公差 b_r

$$b_r = \text{IT9} = 0.074\text{mm}$$

由式（9-13）求出齿厚公差 T_{sn}

$$T_{sn} = 2\tan a_n \sqrt{F_r^2 + b_r^2} = 2\tan 20° \sqrt{0.03^2 + 0.074^2} = 0.058\text{mm}$$

由式（9-12）求出齿厚下偏差 E_{sni}

$$E_{sni} = E_{sns} - T_{sn} = -0.085 - 0.058 = -0.143\text{mm}$$

由式（9-3）求出公法线长度上偏差 E_{WS}

$$E_{ws} = E_{sns}\cos a = -0.085\cos 20° = -0.080\text{mm}$$

由式（9-4）求出公法线长度下偏差 E_{wi}

$$E_{wi} = E_{sni}\cos a = -0.143\cos 20° = -0.134\text{mm}$$

由式（9-5）求出公称公法线长度 W

$$k = \frac{z_1}{9} + 0.5 = \frac{26}{9} + 0.5 \approx 3.3$$

取 $k = 3$，则

$$W = m\cos a\left[\pi(k-0.5) + z_1 \times \mathrm{inv}a\right] + 2xm\sin a$$
$$= 2.75\cos 20°\left[3.14 \times (3-0.5) + 26 \times \mathrm{inv}20°\right] + 2 \times 2.75\sin 20°$$
$$= 2.75 \times 0.9397 \times \left[3.14 \times (3-0.5) + 26 \times 0.0149\right] + 2 \times 2.75 \times 0.3420$$
$$= 23.18\mathrm{mm}$$

该齿轮若检测公法线长度偏差，则为 $23.18_{-0.134}^{-0.080}\mathrm{mm}$

（3）确定齿轮副精度

1）查附表 9.8 得出中心距极限偏差 $\pm f_a = \pm 0.027\mathrm{mm}$。

2）由式（9-6）、式（9-7）求出齿轮副轴线平行度偏差。

$$f_{\sum\beta} = 0.5\frac{L}{b}F_\beta = 0.5 \times \frac{90}{28} \times 0.017 = 0.027\mathrm{mm}$$

$$f_{\sum\delta} = 2f_{\sum\beta} = 2 \times 0.027 = 0.054\mathrm{mm}$$

（4）确定齿坯精度

该齿轮为非连轴齿轮，按照 GB/Z 18620.3—2008 可求出齿坯几何公差；按照 GB/Z 18620.4—2008 查表得出表面粗糙度允许值，将其标注在齿轮工作图上，如图 9.32 所示。相关参数与检验项目如表 9.13 所示。

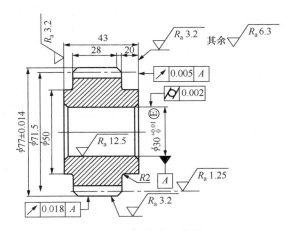

图 9.32 齿轮工作图

表 9.13 齿轮工作图上相关参数与检验项目

法向模数	m_n	2.75
齿数	z	26
齿形角	α	20°

续表

螺旋角	β		$0°$
径向变位系数	x		0
公法线长度及其极限偏差	W		$23.18^{-0.080}_{-0.134}$
跨齿数	k		3
精度等级	7 GB/T 10095.1—2008		
配对齿轮	图号		
	齿数		56
齿轮副中心距及其极限偏差	$\pm f_a$		112.75 ± 0.027
轴线平行度偏差	$f_{\Sigma\delta}$		0.027
	$f_{\Sigma\delta}$		0.054
检验项目代号（公差或极限偏差）	F_P		0.038
	F_α		0.016
	F_β		0.017
	F_r		0.030

思考与练习

9.1　齿轮传动的使用要求有哪些？影响这些使用要求的主要误差有哪些？

9.2　什么是几何偏心？滚齿加工中，仅存在几何偏心下，被切齿轮有哪些特点？

9.3　什么是运动偏心？滚齿加工中，仅存在运动偏心下，被切齿轮有哪些特点？

9.4　影响载荷分布均匀性的主要工艺误差有哪些？

9.5　影响齿侧间隙的主要工艺误差有哪些？

9.6　在齿轮精度指标中，影响齿轮传递运动准确性的评定指标有哪些？影响齿轮传动平稳性的评定指标有哪些？影响齿轮载荷分布均匀性的评定指标有哪些？影响齿轮副侧隙的评定指标有哪些？

9.7　什么是齿轮的工作轴线？什么是齿轮的基准轴线？体现齿轮基准轴线的方法有哪些？

9.8　齿轮标准对单个齿轮规定了哪5项强制性检测指标？

9.9　有一7级精度的直齿圆柱齿轮，模数 $m_n=2mm$，齿数 $z=30$，齿形角 $a=20°$，检验结果是 $F_r=20\mu m$，$F_P=35\mu m$，试确定该齿轮的两项目检验结果是否合格。

9.10　单级直齿圆柱齿轮减速器的齿轮模数 $m=3.5mm$，压力角 $\alpha=20°$，传递功率为5kW，输入轴转速 $n_1=1440r/min$，齿数 $z_1=18$，$z_2=81$，齿宽 $b_1=55mm$，$b_2=50mm$。采用油池润滑，小批量生产。试确定小齿轮精度与检验项目，并查出极限偏差值。

附　表

附表 9.1　齿轮齿距累积总公差 F_p 值（摘自 GB/T 10095.1—2008）　（单位：μm）

| 分度圆直径 d/mm | 法向模数 m_n/mm | 精度等级 | | | | | | | | | | | | |
		0	1	2	3	4	5	6	7	8	9	10	11	12
50<d≤125	0.5≤m_n≤2	3.3	4.6	6.5	9.0	13.0	18.0	26.0	37.0	52.0	74.0	104.0	147.0	208.0
	2<m_n≤3.5	3.3	4.7	6.5	9.5	13.0	19.0	27.0	38.0	53.0	76.0	107.0	151.0	241.0
	3.5<m_n≤6	3.4	4.9	7.0	9.5	14.0	19.0	28.0	39.0	55.0	78.0	110.0	156.0	220.0
125<d≤280	0.5≤m_n≤2	4.3	6.0	8.5	12.0	17.0	24.0	35.0	49.0	69.0	98.0	138.0	195.0	276.0
	2<m_n≤3.5	4.4	6.0	9.0	12.0	18.0	25.0	35.0	50.0	70.0	100.0	141.0	199.0	282.0
	3.5<m_n≤6	4.5	6.5	9.0	13.0	18.0	25.0	36.0	51.0	72.0	102.0	144.0	204.0	288.0
280<d≤560	0.5≤m_n≤2	5.5	8.0	11.0	16.0	23.0	32.0	46.0	64.0	91.0	129.0	182.0	257.0	364.0
	2<m_n≤3.5	6.0	8.0	12.0	16.0	23.0	33.0	46.0	65.0	92.0	131.0	185.0	261.0	370.0
	3.5<m_n≤6	6.0	8.5	12.0	17.0	24.0	33.0	47.0	66.0	94.0	133.0	188.0	266.0	376.0

附表 9.2　齿轮单个齿距极限偏差 ± f_{pt} 之 f_{pt} 值

（摘自 GB/T 10095.1—2008）　（单位：μm）

| 分度圆直径 d/mm | 法向模数 m_n/mm | 精度等级 | | | | | | | | | | | | |
		0	1	2	3	4	5	6	7	8	9	10	11	12
50<d≤125	0.5≤m_n≤2	0.9	1.3	1.9	2.7	3.8	5.5	7.5	10.0	15.0	21.0	30.0	43.0	61.0
	2<m_n≤3.5	1.0	1.5	2.1	2.9	4.1	6.0	8.5	12.0	17.0	23.0	33.0	47.0	66.0
	3.5<m_n≤6	1.1	1.6	2.3	3.2	4.6	6.5	9.0	13.0	18.0	26.0	36.0	52.0	73.0
125<d≤280	0.5≤m_n≤2	1.1	1.5	2.1	3.0	4.2	6.0	8.5	12.0	17.0	24.0	34.0	48.0	67.0
	2<m_n≤3.5	1.1	1.6	2.3	3.2	4.6	6.5	9.0	13.0	18.0	26.0	36.0	51.0	73.0
	3.5<m_n≤6	1.2	1.8	2.5	3.5	5.0	7.0	10.0	14.0	20.0	28.0	40.0	56.0	79.0
280<d≤560	0.5≤m_n≤2	1.2	1.7	2.4	3.3	4.7	6.5	9.5	13.0	19.0	27.0	38.0	54.0	76.0
	2<m_n≤3.5	1.3	1.8	2.5	3.6	5.0	7.0	10.0	14.0	20.0	29.0	41.0	57.0	81.0
	3.5<m_n≤6	1.4	1.9	2.7	3.9	5.5	8.0	11.0	16.0	22.0	31.0	44.0	62.0	88.0

附表 9.3　齿轮齿廓总公差 F_α 值（摘自 GB/T 10095.1—2008）　（单位：μm）

| 分度圆直径 d/mm | 法向模数 m_n/mm | 精度等级 | | | | | | | | | | | | |
		0	1	2	3	4	5	6	7	8	9	10	11	12
50<d≤125	0.5≤m_n≤2	1.0	1.5	2.1	2.9	4.1	6.0	8.5	12.0	17.0	23.0	33.0	47.0	66.0
	2<m_n≤3.5	1.4	2.0	2.8	3.9	5.5	8.0	11.0	16.0	22.0	31.0	44.0	63.0	89.0
	3.5<m_n≤6	1.7	2.4	3.4	4.8	6.5	9.5	13.0	19.0	27.0	38.0	54.0	76.0	108.0
125<d≤280	0.5≤m_n≤2	1.2	1.7	2.4	3.5	4.9	7.0	10.0	14.0	20.0	28.0	39.0	55.0	78.0
	2<m_n≤3.5	1.6	2.2	3.2	4.5	6.5	9.0	13.0	18.0	25.0	36.0	50.0	71.0	101.0
	3.5<m_n≤6	1.9	2.6	3.7	5.5	7.5	11.0	15.0	21.0	30.0	42.0	60.0	84.0	119.0

分度圆直径 d/mm	法向模数 m_n/mm	精度等级												
		0	1	2	3	4	5	6	7	8	9	10	11	12
280<d≤560	0.5≤m_n≤2	1.5	2.1	2.9	4.1	6.0	8.5	12.0	17.0	23.0	33.0	47.0	66.0	94.0
	2<m_n≤3.5	1.8	2.6	3.6	5.0	7.5	10.0	15.0	21.0	29.0	41.0	58.0	82.0	116.0
	3.5<m_n≤6	2.1	3.0	4.2	6.0	8.5	12.0	17.0	24.0	34.0	48.0	67.0	95.0	135.0

附表 9.4　齿轮螺旋线总公差 F_β 值（摘自 GB/T 10095.1—2008）　（单位：μm）

分度圆直径 d/mm	齿宽 b/mm	精度等级												
		0	1	2	3	4	5	6	7	8	9	10	11	12
50<d≤125	20<b≤40	1.5	2.1	3.0	4.2	6.0	8.5	12.0	17.0	24.0	34.0	48.0	68.0	95.0
	40<b≤80	1.7	2.5	3.5	4.9	7.0	10.0	14.0	20.0	28.0	39.0	56.0	79.0	111.0
125<d≤280	20<b≤40	1.6	2.2	3.2	4.5	6.5	9.0	13.0	18.0	25.0	36.0	50.0	71.0	101.0
	40<b≤80	1.8	2.6	3.6	5.0	7.5	10.0	15.0	21.0	29.0	41.0	58.0	82.0	117.0
280<d≤560	20<b≤40	1.7	2.4	3.4	4.8	6.5	9.5	13.0	19.0	27.0	38.0	54.0	76.0	108.0
	40<b≤80	1.9	2.7	3.9	5.5	7.5	11.0	15.0	22.0	31.0	44.0	62.0	87.0	124.0
	80<b≤160	2.3	3.2	4.6	6.5	9.0	13.0	18.0	26.0	36.0	52.0	73.0	103.0	146.0

附表 9.5　齿轮径向综合总公差 F_i'' 值（摘自 GB/T 10095.2—2008）　（单位：μm）

分度圆直径 d/mm	法向模数 m_n/mm	精度等级								
		4	5	6	7	8	9	10	11	12
50<d≤125	1.5<m_n≤2.5	15	22	31	43	61	86	122	173	244
	2.5<m_n≤4.0	18	25	36	51	72	102	144	204	288
	4.0<m_n≤6.0	22	31	44	62	88	124	176	248	351
125<d≤280	1.5<m_n≤2.5	19	26	37	53	75	106	149	211	299
	2.5<m_n≤4.0	21	30	43	61	86	121	172	243	343
	4.0<m_n≤6.0	25	36	51	72	102	144	203	287	406
280<d≤560	1.5<m_n≤2.5	23	33	46	65	92	131	185	262	370
	2.5<m_n≤4.0	26	37	52	73	104	146	207	293	414
	4.0<m_n≤6.0	30	42	60	84	119	169	239	337	477

附表 9.6　齿轮一齿径向综合公差 f_i'' 值（摘自 GB/T 10095.2—2008）　（单位：μm）

分度圆直径 d/mm	法向模数 m_n/mm	精度等级								
		4	5	6	7	8	9	10	11	12
50<d≤125	1.5<m_n≤2.5	4.5	6.5	9.5	13	19	26	37	53	75
	2.5<m_n≤4.0	7.0	10	14	20	29	41	58	82	116
	4.0<m_n≤6.0	11	15	22	31	44	62	87	123	174

续表

分度圆直径 d/mm	法向模数 m_n/mm	精度等级								
		4	5	6	7	8	9	10	11	12
125<d≤280	1.5<m_n≤2.5	4.5	6.5	9.5	13	19	27	38	53	75
	2.5<m_n≤4.0	7.5	10	15	21	29	41	58	82	116
	4.0<m_n≤6.0	11	15	22	31	44	62	87	124	175
280<d≤560	1.5<m_n≤2.5	5.0	6.5	9.5	13	19	27	38	54	76
	2.5<m_n≤4.0	7.5	10	15	21	29	41	59	83	117
	4.0<m_n≤6.0	11	15	22	31	44	62	88	124	175

附表 9.7 齿轮径向跳动公差 F_r 值（摘自 GB/T 10095.2—2008）　（单位：μm）

分度圆直径 d/mm	法向模数 m_n/mm	精度等级												
		0	1	2	3	4	5	6	7	8	9	10	11	12
50<d≤125	0.5≤m_n≤2	2.5	3.5	5.0	7.5	10	15	21	29	42	59	83	118	167
	2.0<m_n≤3.5	2.5	4.0	5.5	7.5	11	16	21	30	43	61	86	121	171
	3.5<m_n≤6.0	3.0	4.0	5.5	8.0	11	16	22	31	44	62	88	125	176
125<d≤280	0.5≤m_n≤2	3.5	5.0	7.0	10	14	20	28	39	55	78	110	156	221
	2.0<m_n≤3.5	3.5	5.0	7.0	10	14	20	28	40	56	80	113	159	225
	3.5<m_n≤6.0	3.5	5.0	7.0	10	14	20	29	41	58	82	115	163	231
280<d≤560	0.5≤m_n≤2	4.5	6.5	9.0	13	18	26	36	51	73	103	146	206	291
	2.0<m_n≤3.5	4.5	6.5	9.0	13	18	26	37	52	74	105	148	209	296
	3.5<m_n≤6.0	4.5	6.5	9.5	13	19	27	38	53	75	106	150	213	301

附表 9.8 齿轮副中心距极限偏差 ±f_a 之 f_a 值（摘自 GB 10095—1988）　（单位：μm）

第Ⅱ公差组精度等级		1～2	3～4	5～6	7～8	9～10	11～12
f_a		$\frac{1}{2}$IT4	$\frac{1}{2}$IT6	$\frac{1}{2}$IT7	$\frac{1}{2}$IT8	$\frac{1}{2}$IT9	$\frac{1}{2}$IT11
齿轮副的中心距/mm	>6～10	2	4.5	7.5	11	18	45
	>10～18	2.5	5.5	9	13.5	21.5	55
	>18～30	3	6.5	10.5	16.5	26	65
	>30～50	3.5	8	12.5	19.5	31	80
	>50～80	4	9.5	15	23	37	95
	>80～120	5	11	17.5	27	43.5	110
	>120～180	6	12.5	20	31.5	50	125
	>180～250	7	14.5	23	36	57.5	145
	>250～315	8	16	26	40.5	65	160
	>315～400	9	18	28.5	44.5	70	180

主要参考文献

陈于萍，高晓康 . 2006. 互换性与技术测量 [M]. 北京：高等教育出版社 .

方昆凡 . 2013. 公差与配合速查手册 [M]. 北京：机械工业出版社 .

桂定一，陈育荣，罗宁 . 2004. 机器精度分析与设计 [M]. 北京：机械工业出版社 .

全国齿轮标准化委员会 . 2008. 圆柱齿轮　检验实施规范　第 1 部分：轮齿同侧齿面的检验 （GB/Z 18620.1—
　　2008）[S]. 北京：中国标准出版社 .

全国齿轮标准化委员会 . 2008. 圆柱齿轮　检验实施规范　第 2 部分：径向综合偏差、径向跳动、齿厚和侧隙的检
　　验 （GB/Z 18620.2—2008）[S]. 北京：中国标准出版社 .

全国齿轮标准化委员会 . 2008. 圆柱齿轮　检验实施规范　第 3 部分：齿轮坯、轴中心距和轴线平行度 （GB/Z
　　18620.3—2008）[S]. 北京：中国标准出版社 .

全国齿轮标准化委员会 . 2008. 圆柱齿轮　检验实施规范　第 4 部分：表面结构和轮齿接触斑点的检验 （GB/Z
　　18620.4—2008）[S]. 北京：中国标准出版社 .

全国齿轮标准化委员会 . 2008. 圆柱齿轮精度制　第一部分：轮齿同侧齿面偏差的定义和允许值 （GB/T 10095.1—
　　2008）[S]. 北京：中国标准出版社 .

全国齿轮标准化委员会 . 2008. 圆柱齿轮精度制　第二部分：径向综合偏差与径向跳动的定义和允许值 （GB/T
　　10095.2—2008）[S]. 北京：中国标准出版社 .

涂序斌，伍春兰 . 2009. 互换性与测量技术 [M]. 哈尔滨：哈尔滨工程大学出版社 .

王宇平 . 2012. 互换性与精度检测 [M]. 北京：化学工业出版社 .

吴清 . 2013. 公差配合与检测 [M]. 北京：清华大学出版社 .

熊永康，顾吉仁，漆军 . 2013. 公差配合与技术测量—基于项目驱动 [M]. 武汉：华中科技大学出版社 .

张民安 . 2001. 圆柱齿轮精度 [M]. 北京：中国标准出版社 .

张秀芳，赵姝娟 . 2009. 公差配合与精度检测 [M]. 北京：电子工业出版社 .